AI繪圖合成
智慧編輯剪片
ChatGPT文案生成

全攻略

# AI影片製作工具箱

第二版

U0141182

鄭苑鳳　著

- **影片製作教學** 免費又好用的「剪映」影片創作軟體，一書通關。
- **應用 AI 夯科技** 瞭解 ChatGPT、Playground AI、Leonardo.Ai 等工具。
- **影片行銷指南** 教你製作，更指引如何於社群媒體提升曝光與影響力。
- **實用網路資源** 為 YouTuber 打造，免費下載高品質素材，增加吸引力。
- **增強視聽效果** 學習轉場、特效、文字應用與音訊處理的多重技巧。
- **互動學習方式** 透過實際案例，手把手帶領你完成專業影片創作。

博碩文化

作　　者：鄭苑鳳
責任編輯：Cathy

董 事 長：曾梓翔
總 編 輯：陳錦輝

出　　版：博碩文化股份有限公司
地　　址：221 新北市汐止區新台五路一段 112 號 10 樓 A 棟
　　　　　電話 (02) 2696-2869　傳真 (02) 2696-2867

郵撥帳號：17484299　戶名：博碩文化股份有限公司
博碩網站：http://www.drmaster.com.tw
讀者服務信箱：dr26962869@gmail.com
讀者服務專線：(02) 2696-2869 分機 238、519
（週一至週五 09:30 ～ 12:00；13:30 ～ 17:00）

版　　次：2024 年 11 月二版

建議零售價：新台幣 620 元
I S B N：978-626-414-025-6
律師顧問：鳴權法律事務所 陳曉鳴 律師

*本書如有破損或裝訂錯誤，請寄回本公司更換*

**國家圖書館出版品預行編目資料**

AI 影片製作工具箱：AI 繪圖合成 × 智慧編輯剪片 x
ChatGPT 文案生成全攻略 / 鄭苑鳳著 . -- 二版 . -- 新
北市：博碩文化股份有限公司 , 2024.11
　面；　公分
ISBN 978-626-414-025-6( 平裝 )

1.CST: 人工智慧 2.CST: 電腦繪圖 3.CST: 數位影像處
理

312.83　　　　　　　　　　　　　113016961

Printed in Taiwan

歡迎團體訂購，另有優惠，請洽服務專線
博 碩 粉 絲 團　(02) 2696-2869 分機 238、519

# 序言

當我們處於這個資訊爆炸的時代，多媒體的傳達方式無疑成了最具感染力的手段之一。隨著社群媒體與影音平台的崛起，每個人都有機會成為下一位網紅。不過，若要在海量的內容創作者中脫穎而出，擁有一技之長與專業技能是必不可少的。

無論你是想捕捉生活中的點滴，還是嘗試用影片方式表達自己，視訊製作、編輯、與策劃不再只是專業人士的專利，而是每一位熱衷於分享的人都該學會的基礎。不過，很多人會因為害怕面對複雜的軟體而放棄創作。本書將會是你克服恐懼、開始影片創作之旅的最佳良伴。

在本書介紹的內容中，你不僅可以學會使用剪映軟體，更能瞭解如何利用 AI 工具提升影片的內容與品質，使素材更加多元，創作更具深度與趣味性。本書寫作的原則在於將那些看似專業且高深的技巧，變得簡單易懂，即使你是影片製作的新手，也能跟著本書的步驟，製作出專業的作品。從剪映的基礎，到進階的特效、合成，以及使用 AI 技術如 ChatGPT 生成文案、AI 繪圖、AI 圖像處理等，我們將帶領你一步一步掌握。全書內容架構分為三篇：

## 剪映基礎篇－視訊生手輕鬆上手

視訊新手可以從本篇開始學習。這部分涵蓋了從選擇合適的剪映軟體，到如何將第一部作品順利完成的全部過程。你可以學會利用 ChatGPT 生成文案，導入自己喜愛的素材，並掌握基本的剪輯技巧。

## 剪映熟手篇－使用剪映開始創作

而對於已經掌握基礎技巧，希望能進一步深入學習的使用者，本篇將為你呈現更高級的剪輯技巧和操作流程。從準備素材，到編輯、調整、覆疊，教你如何使影片更加生動有趣。再者，當你的影片需要一些文案輔助或想要加入一些效果，「標題與文字的處理」與「輕鬆為影片上字幕」將會是你的最佳指南。這裡不僅教你如何正確、快速地加入字幕，更有豐富的文字效果和技巧讓你的影片更加完美。

## 網路資源篇－免費又好用的資源大公開

本篇將為大家帶來一系列實用且易於上手的網路工具。從 YouTube 影片下載利器－4K Video Downloader、聊天機器人－ChatGPT 的使用，到智能繪圖工具－Playground AI、線上修圖工具－Clipdrop、AI 圖像生成工具－Leonardo.Ai、音樂生成－Stable Audio 與 Suno，以及視訊壓縮工具－VidCoder 等，每一項都是在數位時代中不可或缺的技能。

本書撰寫的目的在為你提供一個全面而深入的影片剪輯教學，結合 ChatGPT AI 技術，讓你的影片不僅僅是畫面和音效的組合，更加入了人工智慧的輔助。我們深知，現今的時代，每個人都是故事的說書人，而影片則是我們傳達情感、想法的橋梁。筆者希望透過這本書，能助你於影片創作的旅程中更上一層樓，編織出屬於自己的獨特故事。

在這裡，我想特別感謝所有協助撰寫這本書的人，沒有你們的支持和努力，這本書將無法完成。同時，我也要感謝每一位閱讀這本書的讀者，希望你們能從中受益，並將這些知識融入自己的工作和生活中。雖然本書校稿過程力求無誤，唯恐有疏漏，若您有任何對於本書的建議，都歡迎與我們分享。

# 目錄

## Chapter 06 時間線素材的編修 ....................................... 6-1

## Chapter 10 轉場與特效輕鬆搞定不求人 .......................... 10-1

## Chapter 11 覆疊聲音 ..................................................... 11-1

## Part III 【網路資源篇】免費又好用的資源大公開

## Chapter 18　AI 音樂生成—Stable Audio 與 Suno ........18-1

## Chapter 19　視訊壓縮工具—VidCoder .............................. 19-1

# 【剪映基礎篇】
## 視訊新手輕鬆上手

# 剪映的智能圖文成片

「剪映」是由大陸臉萌科技所開發的一套全能型且易用的剪輯軟體，可以輸出高畫質且無浮水印的影片，能在 Mac、Windows、手機上使用，不但支援多軌剪輯、還提供多種的素材和濾鏡可以改變畫面效果。剪映可免費使用，功能亦不輸付費軟體，且支援中文，因此很多自媒體創作者都會以它來製作影片。

剪映「專業版」適用於 Windows 10 以上 64 位元系統，也可以在手機、平板、PC 三端互通草稿，讓使用者走到哪裡就剪到哪裡。「移動端」適用於手機上剪輯影片，另有「網頁版」方便團隊協同創作影片，而本書主要在介紹剪映「專業版」，方便個人在電腦上編輯影片。

在開頭的第一章，我們要來體驗一下剪映「圖文成片」的強大功能，配合現今最夯的聊天機器人－ ChatGPT，讓各位在幾分鐘內就完成一部影片，實際體驗一下它的超神功能。

# 1-1 剪映新手入門

首先我們來了解一下「剪映」這套軟體的優點，然後下載安裝軟體。由於它是大陸公司所開發的軟體，所以我們會順便告訴各位如何將簡體字轉換成繁體字。

## 1-1-1 剪映軟體特點

剪映的「專業版」在介面的設計上很直覺且易用，可以輕鬆地享受影片創作的樂趣。因為它將一些較複雜的操作交給 AI 處理，像是智能字幕、智能摳像、文本朗讀、曲線變速…等，這些功能讓剪輯師可以一鍵操作就能上字幕、輕鬆為人像去除背景、也能讓 AI 為影片作文字的朗讀，同時又提供豐富的素材庫，引入無限量的音樂、表情包、貼紙、花字、特效、濾鏡等各類素材，讓影片剪輯更栩栩如生，能夠滿足各類剪輯師的需求，讓人人都可以成為剪輯大神。

在輸出檔案部分，支援高品質的 4K 影片、60fps 框架速度，還可以一個按鍵就分享影片，所以想將剪輯完成的影片分享到抖音或西瓜視頻，都是輕而易舉的事。

各位可別讓「專業版」這個名稱給嚇著了，以為一定要付費才能使用，事實上使用剪映的各項功能都是免費的，輸出也不會有任何浮水印的困擾，只是在「貼紙」、「特效」、「轉場」、「濾鏡」等媒體類別上會出現鑽石◆的圖示，表示這是專門給會員使用的，並不影響整體影片的編輯，所以各位可以大膽地使用剪映來編輯影片。

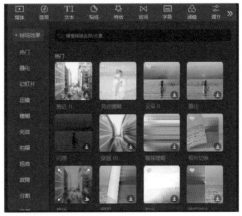

▲ 縮圖左上角有鑽石圖示的是提供給會員使用的素材或效果

## 1-1-2 官網下載與安裝

對於剪映有了概括的認識後，現在就到它的官網去下載軟體吧。網址為：https://www.capcut.cn/。

❶輸入官方網址

❷按此鈕下載

安裝完成後，電腦桌面上就會看到「剪映專業版」的圖示，按滑鼠兩下即可啟動應用程式。

剪映目前也有出國際版（網址：https://www.capcut.com/zh-tw/），名稱為 Capcut。介面可以支援中文或多國語言，功能使用上和剪映的專業版相同，而且是完全免費的，不管是文字、貼紙、特效、濾鏡、轉場等，沒有需要付費的功能，同時它還做了一些適合外國族群的特效，更適合做抖音的影片，只不過它沒有「一鍵成片」和「識別字幕／歌詞」的功能。

## 1-1-3 簡體字替換成繁體字

由於剪映是大陸廠商所開發的剪輯軟體，它的預設字體當然是簡體字，為了方便標題文字和字幕的處理，我們可以將它的預設文字替換成繁體中文。請自行到 Google 瀏覽器上搜尋「文泉驛微米黑 - 簡轉繁」，即可找到如右圖的字型，然後將字型下載到你的電腦上備用。

要將繁體字型安裝到剪映軟體中，請在剪映圖示上按滑鼠右鍵，然後點選「開啟檔案位置」的選項。

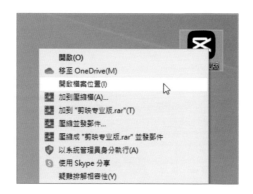

進入資料夾之後，依序在 Apps 資料夾中點選版本編號，例如：6.1.0.11946，接著點選「Resources ／ Font ／ SystemFont」，就會看到「zh-hans.ttf」字型檔，這就是剪映的預設系統字體（簡體字），也就是我們準備要替換的字型。

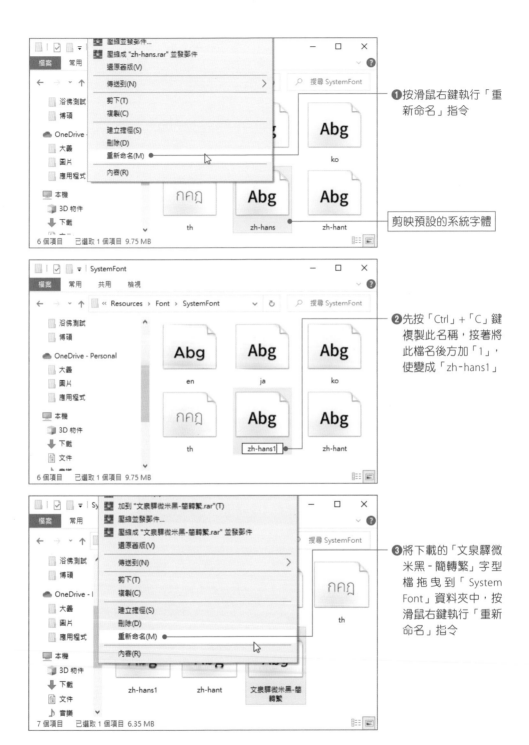

❶按滑鼠右鍵執行「重新命名」指令

剪映預設的系統字體

❷先按「Ctrl」+「C」鍵複製此名稱，接著將此檔名後方加「1」，使變成「zh-hans1」

❸將下載的「文泉驛微米黑-簡轉繁」字型檔拖曳到「System Font」資料夾中，按滑鼠右鍵執行「重新命名」指令

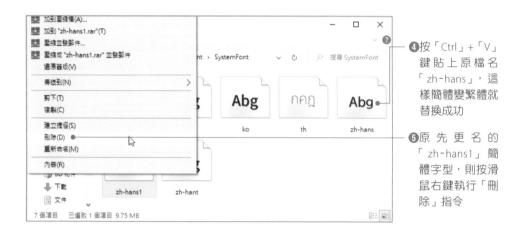

④按「Ctrl」+「V」鍵貼上原檔名「zh-hans」，這樣簡體變繁體就替換成功

⑤原先更名的「zh-hans1」簡體字型，則按滑鼠右鍵執行「刪除」指令

完成字型的更替後，以後當你透過「智能字幕」功能識別的字幕，預覽視窗上就會自動顯示成繁體中文囉！如下圖示：

預覽視窗上顯示繁體中文的字幕

字幕內容仍為簡體字，第9章會介紹解決的方式

透過「智能字幕」所完成的字幕

# 1-2 製作我的第一支影片—圖文成片

這一小節將體驗剪映「圖文成片」的強大功能，配合聊天機器人－ChatGPT來快速完成專業級的影片檔，體驗一下它的超神功能。有關 ChatGPT 的使用技巧，各位可參閱第 14 章的介紹。

## 1-2-1 以 ChatGPT 生成文案

請登入 ChatGPT 並向機器人直接詢問想問的問題，這裡以端午節為例，請 ChatGPT 簡要告知端午節的由來，並請它以美食專家的身分來介紹三款台灣人最喜歡的粽子。

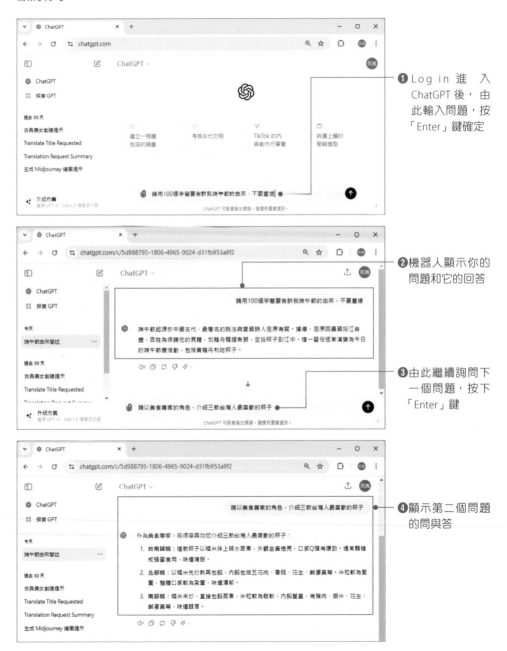

❶ Log in 進入 ChatGPT 後，由此輸入問題，按「Enter」鍵確定

❷ 機器人顯示你的問題和它的回答

❸ 由此繼續詢問下一個問題，按下「Enter」鍵

❹ 顯示第二個問題的問與答

對於 ChatGPT 所提供的內容，你可以照單全收，但若想要進一步編修，可以利用「Ctrl」+「C」鍵複製機器人的回答，再到記事本中按「Ctrl」+「V」鍵貼上，即可在記事本中編修內容。

## 1-2-2　圖文成片

當你完成下載和安裝程式後，桌面上會顯示 ✂ 圖示鈕，在圖示上按滑鼠左鍵兩下即可啟動軟體。第一次啟動時，它會自動對電腦環境進行檢測，看到如右的畫面，就表示你的電腦可以流暢地使用剪映軟體，按「確定」鈕離開即可。

接著進入剪映的首頁畫面，請按下「圖文成片」鈕，即可快速製作影片。

❶按此鈕做圖文成片，使顯示下圖視窗

❷選擇「自由編輯
　文案」

❸在 記 事 本 中
　全 選 文 字，
　按「 Ctrl 」+
　「 C 」鍵複製文
　字後，在此按
　「 Ctrl 」+「 V 」
　鍵貼入文字

❹由此選擇朗讀者
　的音色

❺按此鈕產生影片

❻選擇影片生成
　的方式為「智能
　匹配素材」

❼稍等 2 分鐘的時間，影片自動生成，包含字幕、旁白說明、圖片、短影片、音樂等內容

厲害吧！只需 2 分鐘的時間影片就產生出來了。這樣就不用耗費力氣去找尋適合的圖片或影片素材，連旁白和背景音樂也幫你找好，真是有夠神速！

## 1-2-3 預覽影片效果

由 ChatGPT 和剪映自動幫你完成影片後，接著就是從播放器按下「播放」▶鈕來檢視整個影片內容，有不喜歡的地方，還可以再進行調整。

—— 按此鈕預覽影片效果

## 1-2-4　編修字幕，自動修正文字朗讀

在預覽影片效果時，若想要修改字幕，例如當文案較長時，文字自動變成兩行，或是字幕中有標點符號想要刪除，如上圖所示。此時可點選時間軸上的字幕區塊，再由右上角「文本／基礎」標籤中修改文案，修正後剪映也會自動修正朗讀的內容。

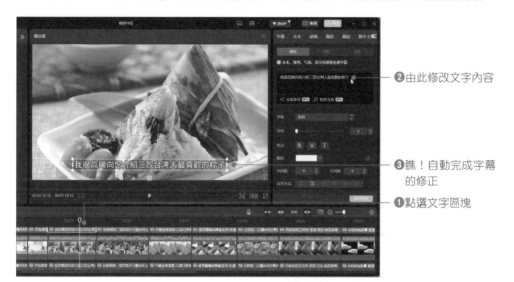

❷由此修改文字內容

❸瞧！自動完成字幕的修正

❶點選文字區塊

## 1-2-5　替換不適用的素材

如果影片中有不適合的素材圖片，都可以按滑鼠右鍵來進行替換。

❶於影片片段的縮圖上按滑鼠右鍵，執行「替換片段」指令

❷點選要替換的插圖或影片

❸按下「開啟」鈕

❹按此鈕預覽替換的效果

❺按此鈕確認替換

❻素材替換成功囉！

## 1-2-6 導出影片

　　影片製作完成的最後就是輸出，按下右上角的「導出」鈕，除了輸出成影片外，也可以一併導出音檔和字幕喔！這裡我們只先示範輸出影片檔。

❶按此鈕導出影片

❷輸入作品名稱

❸按此鈕設定導出的資料夾位置

❹勾選「視頻導出」，並選擇影片的尺寸及相關屬性

這裡有影片的時長與預估的檔案量供各位參考

❺按此鈕導出影片

❻按「關閉」鈕離開，可在設定的資料夾中看到影片

在導出影片時，你會看到如下的幾個選項，這裡做個簡單的說明。

- **分辨率**：是指輸出的影片尺寸，選擇「1080P」是指輸出 1920×1080 像素的影片，而 2K 是輸出 2560×1440 的影片，4K 是輸出 3840×2160 的影片，輸出尺寸越大，相對的檔案量越大。

- **碼率**：有更低、推薦、更高、自定義四種選擇。點選任一碼率，左下角會顯示預估的時間長度與檔案大小。

- **編碼**：有三種選擇方式，「H.264」是最常見，也是通用的壓縮方式；「HEVC」是高效壓縮方式，可節省空間；而「AV1」是更開放的編碼，更節省空間。

- **格式**：提供 mp4 及 mov 兩種選擇。

- **幀率**：剪映的幀率提供 24fps、25fps、30fps、50fps、60fps 等五種選擇，導出視訊時，幀率的選擇最好與原影片的相同。而要知曉原影片的幀率，可於影片上按滑鼠右鍵，執行「內容」指令，在「詳細資料」標籤中的「框架速度」即是「幀率」，也就是每秒中所包含的畫面（Frames per second，簡稱 FPS）。

使用模板剪同款

經常在手機上或社群平台上看到效果很不錯的短影片,相信你也很
想做出像他們那樣的效果或風格吧!剪映的「模板」功能就可以幫
您辦到,請由剪映的首頁視窗按下「模板」鈕,就可以進入該功能
中進行選擇。

按此鈕選擇「模
板」功能

# 2-1 搜尋影片類型

剪映軟體中所提供的模板相當多樣化，每一次點選「推薦」鈕，所看到的推薦影
片都不相同，讓你每次都有新鮮的視覺感受。這裡提供的搜尋技巧，可以讓你快速
找到想要的同款影片。

## 2-1-1 依類別進行瀏覽

進入到「模板」的視窗後，各位會在上方看到 12 種類別，包含推薦、風格大片、
片頭片尾、宣傳、日常碎片、Vlog…等，各位可以由此進行切換和瀏覽。

由此切換影片類型

## 2-1-2 由搜尋列進行關鍵字搜尋

　　如果你想要做的影片內容不在上述的類別中，你也可以輸入關鍵字來進行搜尋。例如要做與結婚有關的短影片，那麼輸入「結婚」二字時，與結婚相關的關鍵字，就會出現在清單中讓你選擇。看到有興趣的關鍵字就可以直接選取，透過這樣的方式，就可以快速找到與你主題相關的影片模板。

— 輸入「結婚」二字，下方的清單中會顯示相關的關鍵字讓你選用

## 2-1-3 設定篩選條件

　　你也可以透過「比例」、「片段數量」、「模板時長」等進行篩選。在「比例」部分分為橫屏、豎屏；「片段數量」分為 1 張、2 張、3-5 張、6-10 張、11-20 張、自定義…等，「模板時長」也有多種選擇，可以依照素材和輸出用途來進行篩選。

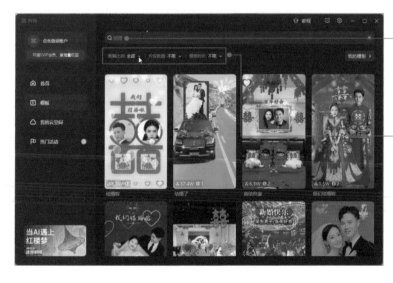

— 由搜尋列可快速搜尋特定的主題

— 由此篩選影片的比例、片段數量、模板時長

# 2-2 使用模板製作短影片

不管使用哪種方式找到喜歡的模板，每個模板都會顯現相關資訊提供參考，這裡簡要說明。

滑鼠未移入前，顯示的總使用量與所需的素材數量

滑鼠移入模板時，可以預覽影片內容與效果

這裡顯示此影片的總秒數

按此鈕將下載此模板

所以當你要剪同款的影片，最好事先準備好所需的素材數。接下來就是準備使用模板，然後替換成我們的素材。

## 2-2-1 下載模板

選定好模板，按下「使用模板」鈕下載檔案。

❶移動滑鼠到喜歡
的版面樣式上

❷按下「使用模板」
鈕,使下載模板

## 2-2-2 導入素材

當模板下載完成後,就會進入剪映的編輯視窗,如卜圖所示。在下方會看到 格
一格的方框,這是放置素材的地方。你可以按下方框中的「+」鈕,或是按下左上
方的「導入」鈕,就可以將素材匯入到剪映軟體中。

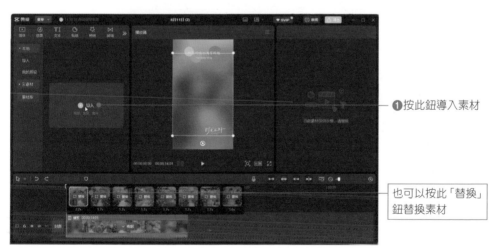

❶按此鈕導入素材

也可以按此「替換」
鈕替換素材

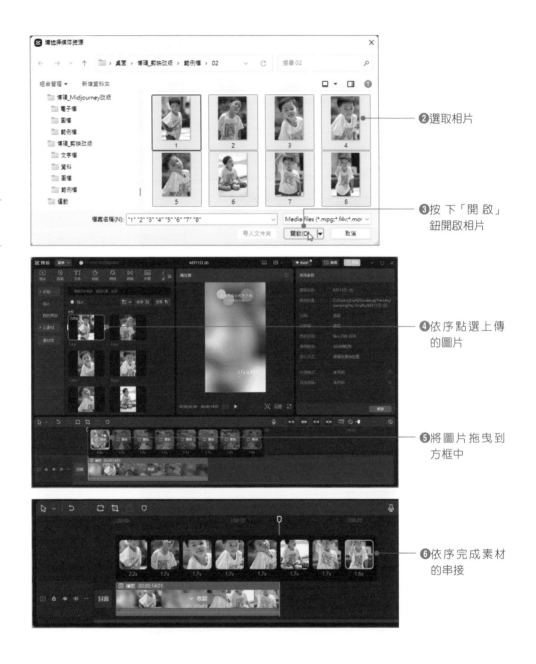

❷選取相片

❸按下「開啟」
鈕開啟相片

❹依序點選上傳
的圖片

❺將圖片拖曳到
方框中

❻依序完成素材
的串接

## 2-2-3 變更文字

模板中如果有文字,可在預覽視窗中按點兩下使之選取,再從右側的「文本」面板進行文字的修改。而文字擺放的位置,可透過滑鼠拖曳來調整喔!

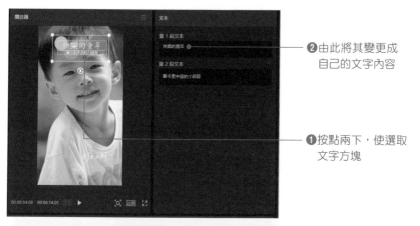

❷由此將其變更成
自己的文字內容

❶按點兩下，使選取
文字方塊

❸將文字方塊移到
想要放置的位置
上，並旋轉角度

❹按此鈕預覽影片
效果

❺按「收 起」
鈕離開編輯
狀態

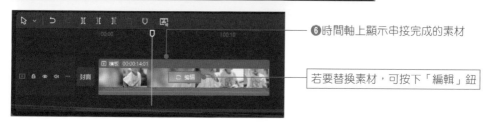

❻時間軸上顯示串接完成的素材

若要替換素材，可按下「編輯」鈕

　　大家可以發現，在時間軸上有一個「編輯」的按鈕，若事後還想更換其他素材，或是發現文字有需要修正，都可按下該鈕回到完成前的狀態去進行編修。

## 2-2-4　導出短影片

確認影片內容沒問題後，最後就是按下右上角的「導出」鈕導出影片。

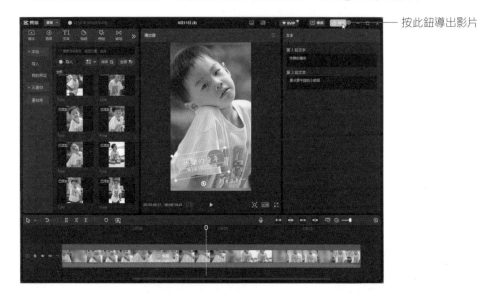

按此鈕導出影片

導出的功能在上一章有完整說明，請自行參閱 1-2-6 的説明即可。

# 我的檔案管理

從前面的章節中，相信各位已經體會到剪映軟體的方便性，而這個
章節我們要來探討檔案的管理。

當我們在剪映的首頁按下「開始創作」鈕，進入到剪映編輯視窗後，你所編輯的任何動作，剪映都會自動儲存下來。屆時在首頁上看到今天的日期，就知道是目前編輯的檔案。

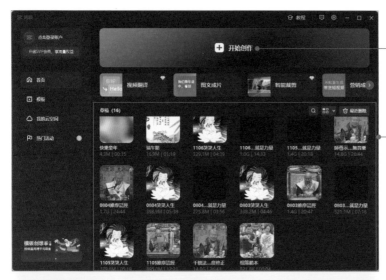

❶按下「開始創作」鈕，使進入影片編輯狀態

此區為剪輯草稿區

❷按此鈕關閉檔案，使回到首頁

❸瞧！草稿數增加了一個，同時下方顯示剛剛新增的檔案

# 3-1　本地草稿的重新命名

　　當你按下「開始創作」鈕，所編輯的內容都稱之為「草稿」，剪映的預設草稿是以日期做編定的，會自動顯示在「剪輯草稿區」內。為了方便識別檔案，我們可以為草稿進行命名。請按下宮格縮圖右下角的「選項」▄▄鈕，選擇「重命名」指令。

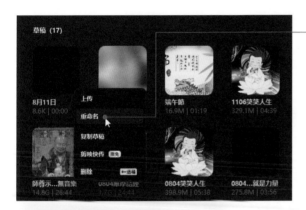

❶滑鼠移入縮圖，按點「選項」鈕後，執行「重命名」指令

❷出現文字框後，即可變更檔案名稱

# 3-2　複製草稿

　　相同類型的檔案，我們可以利用複製功能來處理，並在不影響原影片的情況下，快速編輯新的影片內容。例如相簿的翻閱，我們可以開啟草稿，先製作第一面翻到第二面的效果。而之後的2-3、3-4、4-5…等小影片可以「複製草稿」，屆時利用「替換片段」的功能來快速替換素材。

❶ 先完成相簿 1-2 的翻頁效果

❷ 按下「選項」鈕選擇「複製草稿」指令

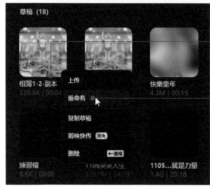

❸ 新增相簿 1-2 的副本了

❹ 執行「重命名」指令，更名為相簿 2-3 即可

---

**檔案管理技巧　已編輯的影片也是可用的影片素材**

影片剪輯是將一個個的「影片片段」串接起來。這個影片片段的素材可以是相片／圖片，也可以是拍攝的影片，當然也可以是之前已經編輯好且導出的影片片段。

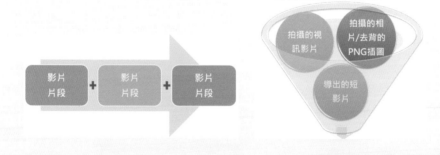

有了概念後即可加快剪輯影片的速度，例如相簿翻頁的製作，就可以運用「複製草稿」、「替換素材」再「導出」影片的方式快速製作影片片段，最後再將所有的影片片段串接在一起。

剪映基礎篇—視訊新手輕鬆上手

# 3-3 刪除草稿與復原草稿

確定不會再使用的草稿，可以考慮將它移除，這樣在首頁上找草稿時就比較容易
找到。

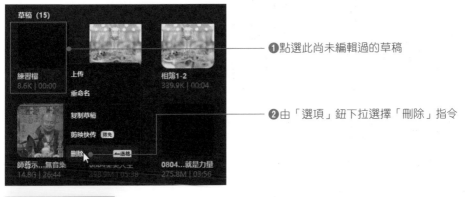

——❶點選此尚未編輯過的草稿

——❷由「選項」鈕下拉選擇「刪除」指令

——❸出現警告畫面，按「確認」鈕
　　確定刪除

這些被移除的檔案，通常還會留存 30 天的時間，萬一你發現刪錯了檔案，還是有
機會將它找回來。請由草稿區右側按下 🗑 最近刪除 鈕，並透過以下方式來找回。

——❶按此鈕，使進
　　入下圖視窗

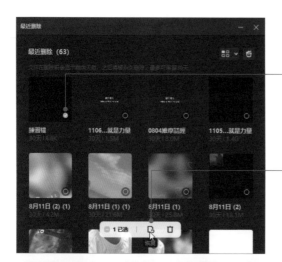

❷勾選要復原的檔案

❸按此鈕恢復檔案

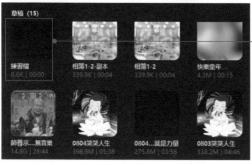

❹檔案復原囉！

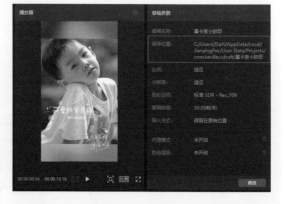

📹 檔案管理 技巧　**可再度套用的草稿千萬別刪**

在剪映軟體中，辛苦完成整個影片
的編輯後，它並沒有提供「打包」、
「歸檔」的功能，也就是將專案檔
與你的所有素材、套用的特效等一
起包裝在一起，方便你歸檔保存，
以便日後有機會製作同類型的影片
時，可以再度開啟來套用修改。因
此雖然可以在「草稿參數」中看到
草稿保存的路徑，但實際上是找不
到這個檔案，所以對於可重複再應
用的草稿，就千萬不要刪除掉喔！

# 3-4  草稿列表與搜尋

在剪輯草稿區中，除了利用宮格縮圖方式來快速找尋所要編輯的草稿外，也可以用列表或搜尋的方式來找檔案。

## 3-4-1  由宮格切換至草稿列表

草稿列表可同時查閱草稿縮圖、名稱、檔案量、時間長度、最後修改時間等相關資訊。在首頁按下 ![] 鈕即可切換至「列表」模式。

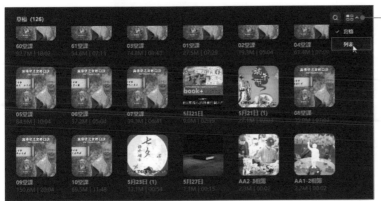

❶按此鈕，下拉選擇「列表」

❷轉為清單方式，顯示草稿縮圖、名稱、檔案量、時長、最後修改時間等資訊

## 3-4-2 以關鍵字搜尋草稿

在  或 ▤ 鈕前方有搜尋列，針對特定檔案，可以進行關鍵字的搜尋。例如我們將可能再度用到的草稿命名為「範本」，所以當搜尋「範本」關鍵字時，與「範本」有關的草稿就會列出。

❶由搜尋列輸入關鍵字「範本」，按下「Enter」鍵

❷檔名中有「範本」的草稿就跑出來囉！

以上說明為常用的檔案應用技巧，相信各位可以舉一反三，好好的管理與使用剪輯草稿區的草稿。

# MEMO

# 【剪映熟手篇】
## 使用剪映開始創作

# 剪映編輯初體驗

在數位媒體的時代裡，影片剪輯已經成為一種普遍且受歡迎的創作
方式。隨著智慧型手機和個人電腦的普及，越來越多的人開始對創
作自己的視訊內容感到興趣。而在這個創作的過程中，一款功能強
大且易於使用的影片剪輯軟體是必不可少的。

本章將引導大家進入剪映的剪輯世界，這是一款廣受歡迎的創作工具，它提供了一個直觀且功能豐富的編輯環境，讓任何人都能輕鬆創作出令人驚艷的視訊內容。話不多說，咱們就進入剪映吧！

# 4-1　準備開始創作

　　在第一個小節中，我們先帶領大家了解剪映的基本視窗操作，這是初次接觸剪映的契機，讓你迅速上手並開始創作。請在剪映首頁按下「開始創作」鈕，即可進入創作的環境。

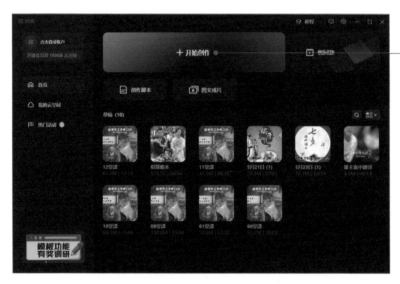

按此鈕進入創作環境

## 4-1-1　一看就懂的操作環境

　　剪映的創作環境相當簡潔，主要區分為四大區域，即素材面板、播放器面板、功能面板、時間線面板。如下圖所示：

素材面板

播放器面板

功能面板

時間線面板

- **素材面板**：主要放置本地的素材，以及剪映自帶的海量線上素材。

- **播放器面板**：用來預覽素材庫的素材，或是編輯中的影片內容。

- **時間線面板**：可對素材進行編輯或操作，諸如：裁剪影片素材、串接素材、調整素材位置、選定素材為素材進行屬性設定。

- **功能面板**：可對選取的素材進行放大、縮小、移動、旋轉、去除背景…等各種屬性的設定。

　　利用剪映的各項功能完成影片的剪輯和串接後，最後只要按下 導出 鈕即可將影片轉換成所需的尺寸和格式。注意的是，時間線中如果沒有任何的影片片段，是無法使用「導出」的功能喔！

## 4-1-2　切換布局模式

　　在進行影片編輯時，初期階段是以媒體素材匯入為主，串接影片時主要在時間線的編輯，有時編修素材是需要以屬性調節的功能面板為主，而要查看編輯的成果，則又要以播放器為主。

　　對於剪映提供的版面布局，如果希望能針對特定的面板進行放大，方便各階段的影片編輯，那麼可以利用右上方的 鈕來切換布局模式，或是執行「菜單／布局模式」指令，即可進行切換。如下圖所示：

按此鈕進行切換

也可以由此切換
布局

## 4-1-3　查看快速鍵用法

　　剪映除了有強大的編輯功能外，還設置很多的快速鍵，可以方便剪輯者加快編輯的速度。要查看剪映所提供的快速鍵，可在視窗右上方按下🔲查看。

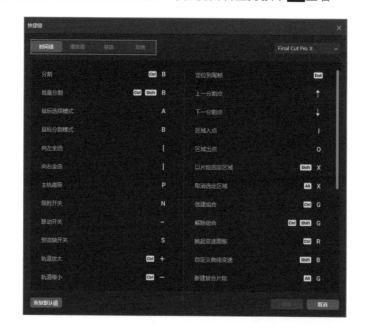

　　視窗中依照「時間線」、「播放器」、「基礎」、「其他」四個類別分門別類顯示，大家可以將常用的快速鍵用法記下來，像是播放／暫停可用空白鍵替代，讓你在預覽畫面時更方便。你也可以選擇自己喜歡的快速鍵模式，不過要先使用抖音登錄帳號，登入後本地設置的快速鍵才會被覆蓋。

大致了解剪映的視窗後，由視窗右上角按下▨鈕，或是執行「菜單／返回首頁」指令就會回到首頁，並看到剛剛尚未做任何編輯的草稿。記得在黑的縮圖右下角按下▦鈕，並執行「重命名」指令，將其命名為「第一支影片」。

❶於縮圖上按滑鼠右鍵

❷執行「重命名」指令

❸更名後，直接按點縮圖進入編輯狀態

❹影片名稱顯示在視窗正上方

# 4-2 影片剪輯流程我也會

剛剛的小節已經為大家介紹了剪映的使用介面，接下來將提供更加詳盡的操作指南，透過範例來解說影片剪輯的整個流程。您將學習到如何導入素材、如何在時間軸上進行基本的剪輯和調整，同時學會添加轉場效果、加入標題、多層次素材覆疊、配樂和音效、導出影片等，讓你對影片剪輯的整個流程有個清晰的了解。

## 4-2-1 導入本地素材

在編輯影片前，我們可以先將所需的影片片段、相片、音樂等素材，集中放置在同一個資料夾中，這樣在編輯期間如果需要素材時，就可以馬上找到。請按下素材面板上的「導入」鈕來匯入影片、音樂、圖片等素材。

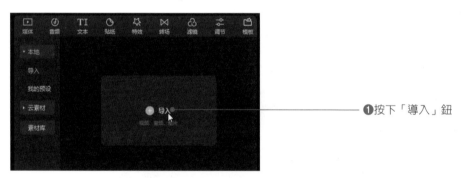

❶按下「導入」鈕

❷點選想要匯入的素材

❸按下「開啟」鈕

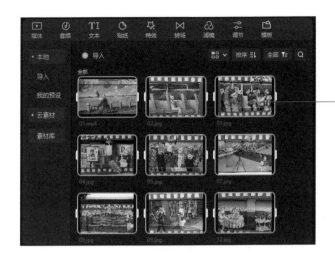

❹相關素材已顯示在「媒體」
的標籤中

## 4-2-2　以時間線串接素材

　　導入素材至素材面板，接著就按照你的想法，將素材一一拖曳到時間線中。在素材縮圖的右下角按下███鈕，素材就會加入至播放磁頭的位置。

❶按此鈕加入素材

預設的播放磁頭會顯示
在開始的位置

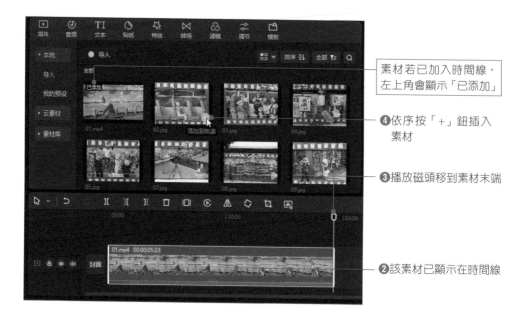

素材若已加入時間線，左上角會顯示「已添加」

❹依序按「＋」鈕插入素材

❸播放磁頭移到素材末端

❷該素材已顯示在時間線

除了利用 ⊕ 鈕來串接時間線中的素材外，也可以按下素材面板上的縮圖不放，然後直接拖曳到想要放置的時間線位置來串接素材。

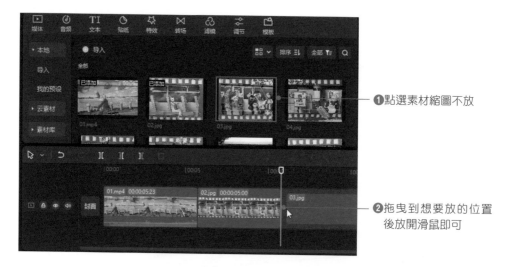

❶點選素材縮圖不放

❷拖曳到想要放的位置後放開滑鼠即可

當越來越多的素材被加入時間線時，如果無法看到所有的素材，可以利用以下兩種方式來調整時間線的顯示。

● **第一種方式**：由時間線右上角的「＋」和「-」鈕調整顯示比例，也可以拖曳中間的 ▯ 白色滑鈕來控制。

● **第二種方式**：向左或向右拖曳時間線下端的滑動鈕，即可往前或往後移動。

## 4-2-3 調整素材先後順序

　　拍攝的相片素材，通常是依照拍攝的日期與時間來做為檔名，所以若素材未事先整理過，匯入後通常是依照此順序來排列，然而想要明確地表達個人想法與構思，素材出現的先後順序就顯得很重要。加入的素材如果想要調整它們出現的先後順序，可直接拖曳縮圖來調整順序。

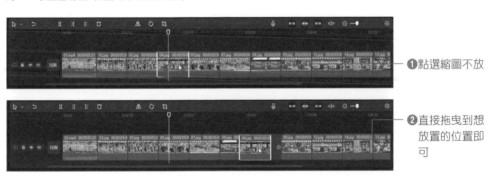

❶點選縮圖不放

❷直接拖曳到想放置的位置即可

## 4-2-4 加入標題文字

　　片頭標題的作用是讓觀看者在進入影片觀看前，能充分了解影片訴求的重點。影片中要加入標題文字，可以切換到「文本」**TI**來進行設定。切換到「文字模板」的類別，我們來下載套用文字模板。

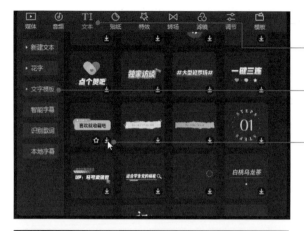

❶切換到「文本」

❷點選「文字模板」

❸找到想要套用的模板，
按此鈕下載

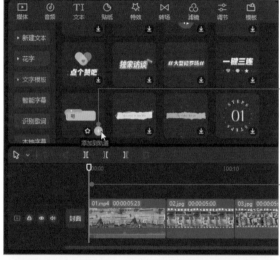

❺按此鈕加入文字模板

❹播放磁頭設定在要加入
標題的起始處

❻由「文本」的
「基礎」標籤
中依序更換 2
段文字

❼更換的結果
會立即顯示
在預覽視窗
中

套用文字模板後，在預覽視窗上，可以使用滑鼠拖曳的方式來改變放置的位置，也可以透過四角的白色圓點來縮放比例大小，或是按下底端的◎鈕來旋轉文字喔！另外，在時間線上會看到新加入的文字圖層，可以拖曳文字條的右邊界，讓文字出現的時間與影片的長度相吻合。

文字層，拖曳右邊界可加長或縮短標題文字顯示的時間長度

## 4-2-5 縮放素材比例

眼尖的讀者可能注意到，影片的寬度似乎和相片的寬度不相同，導致圖片的左右兩側出現黑色，看起來不太專業，這是因為拍攝時所設定的畫面比例不同的關係。如下二圖所示：

當專案中同時擁有不同比例的素材時，只要點選時間線上的素材，再透過預覽視窗來縮放比例即可。方式如下：

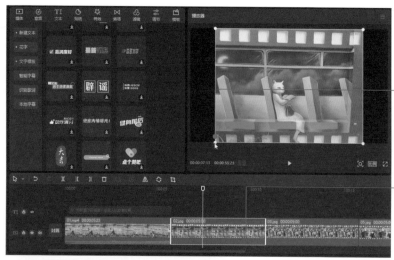

❷按住圓形按鈕
往外拖曳，即
可 放 大 至 滿
版，並調整畫
面顯示的效果

❶點選素材使之
選取，同時播
放磁頭移到素
材上

❸畫面滿版囉！主題更鮮明。請依此方
式繼續調整其他的相片素材

## 4-2-6　多層次素材覆疊

　　剛剛我們在影片的開頭處，同時加入了影片片段和文字標題，這就是「覆疊」。「覆疊」就是重複堆疊的意思，堆疊的素材，只要彼此之間不會被完全遮掩住，就可以產生豐富且多層次的變化。覆疊的物件可以是文字、貼紙、摳像的圖片…等，或是鏤空的畫框物件，這個應用技巧會在後面的章節做說明。

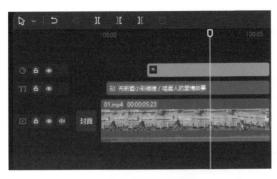

▲ 多層物件同時顯示在時間線上，可增加畫面的豐富程度

　　在剪映軟體的「貼紙」  中提供各式各樣的小物件，可以依照類別找尋，或直接輸入想要搜尋的關鍵字，下載後應用到你的影片當中，增強畫面的效果。使用技巧如下：

❶點選「貼紙」標籤

❷按此處輸入搜尋的關鍵字「星光」

左側有各種分類，可以找尋想要的貼圖

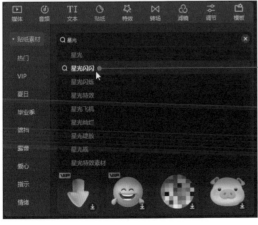

❸出現了與星光有關的關鍵詞列表，直接下拉選擇相關的主題

❹找到喜歡的
貼紙，按「下
載」鈕和「加
入」鈕，使加
入至時間線

❺由預覽視窗
調整貼紙的
比例大小即
可

❻調整貼紙顯
示的時間長
度

## 4-2-7　加入轉場／特效／濾鏡

除了利用多層次堆疊來豐富畫面的層次外，還可以加入「轉場」、「特效」和「濾鏡」的效果。

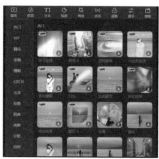

使用方式很簡單，只要對喜歡的縮圖效果進行「下載」，然後「加入」就可搞定。

### 🎬 加入轉場

「轉場」是加諸在兩段影片片段之間，也就是放置在 A 影片的後端及 B 影片的前端，作為兩段影片的緩衝。

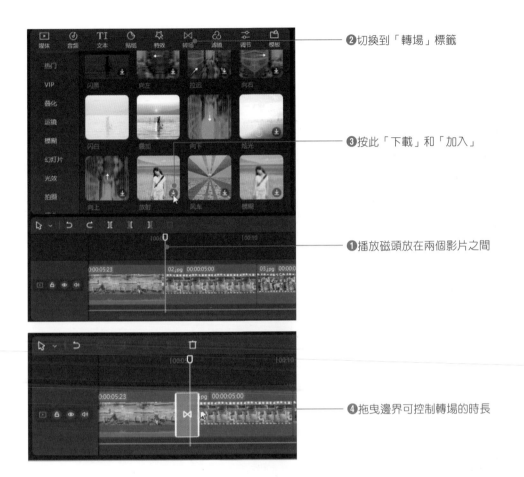

❷切換到「轉場」標籤

❸按此「下載」和「加入」

❶播放磁頭放在兩個影片之間

❹拖曳邊界可控制轉場的時長

　　除了由時間線上拖曳轉場的區塊來增加轉場時間外，也可以從右側的「轉場」面板來調整時長喔！

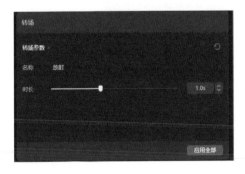

## 加入濾鏡／特效

「特效」和「濾鏡」則是直接加諸在影片片段之上，使它產生像煙霧、泡泡、柔光、放大鏡…等特殊效果，或是加入濾色鏡片的變化。

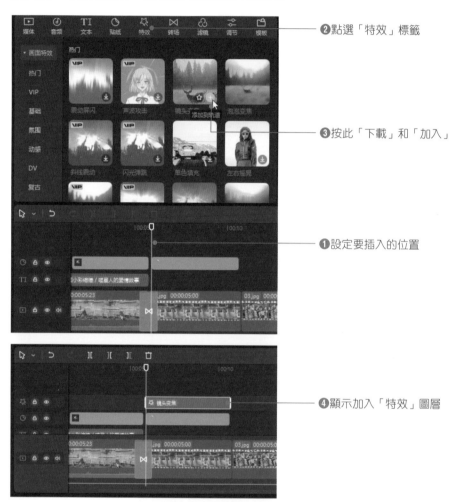

加入的特效或濾鏡，都會自動顯示獨立的圖層，如下圖所示。點選該圖層的區塊即可針對加入的效果進行屬性的調整。

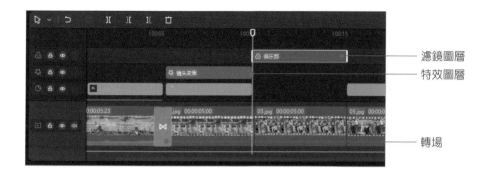

濾鏡圖層
特效圖層

轉場

## 4-2-8　加入配樂音效

　　將素材都串接完成後，接著就是加入配樂和音效，你可以使用「音頻」 🎵 鈕去下載音樂素材，也可以使用自己的音樂。這裡示範的是使用範例檔提供的背景音樂。

❷由「媒體」標籤中找到音樂素材，按此鈕使之加入

❶先將播放磁頭移到時間線的最前端

❸音樂長度短於影片長度，再按「+」鈕加入一次

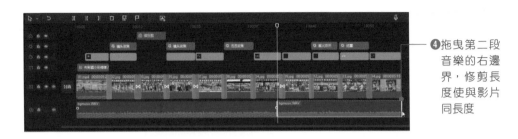

❹拖曳第二段音樂的右邊界，修剪長度使與影片同長度

音樂長度設定好之後，為了不讓音樂有突然出現與突然斷掉的感覺，可以從右側的面板來調整音樂的「淡入時長」和「淡出時長」。

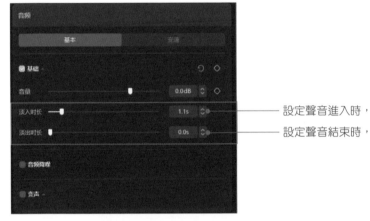

設定聲音進入時，由無聲變有聲的時間

設定聲音結束時，由有聲變成無聲的時間

接下來請點選第一段的聲音，設定「淡入時長」，再點選第二段聲音設定「淡出時長」，如此就會在整個音軌的前後出現如圖所示的黑色三角形。

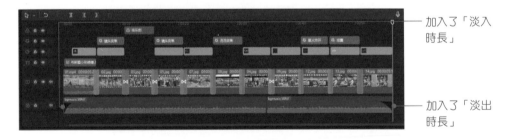

加入了「淡入時長」

加入了「淡出時長」

## 4-2-9　老手必知的影片串接技巧

　　影片製作完成，直接按下右上角的 🔼 导出 鈕即可導出影片，此部分細節在之前的 1-2-6 節已經說過，這裡不再贅述。提醒大家注意的是，已編輯好的影片也是可用的影片素材喔！因為影片專案的編輯本就是將一個個的「影片片段」串接起來，這個「影片片段」的素材可以是相片／圖片，也可以是你拍攝的影片，當然也可以是你之前已經編輯好且輸出的部分影片片段。

　　了解概念後即可加以運用，像是比較長的影片，你可以先區分為若干部分，每一部分都先製作成一個小影片。如果其中某個影片片段有錯誤，則只針對該片段進行修改即可，如果需要調整先後位置時，也比較容易修正。同樣地在進行 Facebook 或 Instagram 平台的宣傳時，如果能善用每個已輸出的影片片段，就可以根據不同的族群進行部分片段的修改，並用最少的時間來針對不同的客戶群進行行銷宣傳，有效降低影片製作的時間。

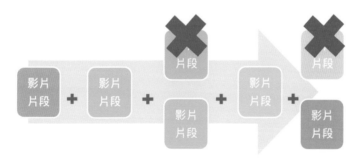

# MEMO

# 導入媒體基本功

在第四章裡，我們已經學會了影片剪輯的流程，了解到影片的剪輯就是導入素材、串接素材、加入標題文字、轉場、特效、濾鏡，最後配上背景音樂，即可完成影片並導出。學會了流程之後，接下來的各章就是一一探討各項步驟中會遇到問題以及解決的技巧，讓你在編輯的過程更順暢更省時。首先探討的是媒體導入技巧。

# 5-1 導入影片／音樂／圖片等媒體

對於影片的剪輯，可運用的素材包括相片、去背的圖案、影片和音樂，這些媒體素材可來自於現有的影音資料，也可以是利用你的智慧型手機拍攝的影音和相片。

## 5-1-1 將手機素材複製到電腦

近年來隨著 5G 行動寬頻的發展，智慧型手機早已成為大家隨手記錄生活點滴的最佳工具，當你的手機已經拍攝了足夠的素材，只要把手機和電腦利用 USB 傳輸線串接起來，電腦會把手機當作是一顆硬碟，所以你點選手機時可在「DCIM」資料夾中看到如下的資料夾內容。

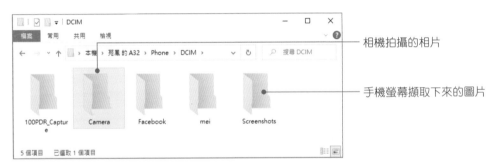

　　　　　　　　　　　　　　　　　　　　　　　　──── 相機拍攝的相片

　　　　　　　　　　　　　　　　　　　　　　　　──── 手機螢幕擷取下來的圖片

以「Camera」為例，點選並開啟資料夾，接著在電腦桌面新增一個資料夾，再將手機中想要使用的相片拖曳到電腦上的資料夾中即可。

　　　　　　　　　　　　　　　　　　　　　　　　❷直接拖曳到桌面的資料夾中，即可複製成功

　　　　　　　　　　　　　　　　　　　　　　　　❶選取手機中的相片／影片

## 5-1-2 素材類別的管理與切換

在導入媒體前,建議養成一良好習慣,亦即將可能會用到的影片、相片、音樂等素材,集中放置在同一個資料夾中,這樣在編輯期間如果需要素材時,就可以馬上找到。

當透過「導入」鈕,同時匯入了影片、音樂和相片等,但因素材太多而不好選用,此時可以透過以下方式,個別切換到「視頻」、「音頻」、「圖片」,來方便選取要用的素材。

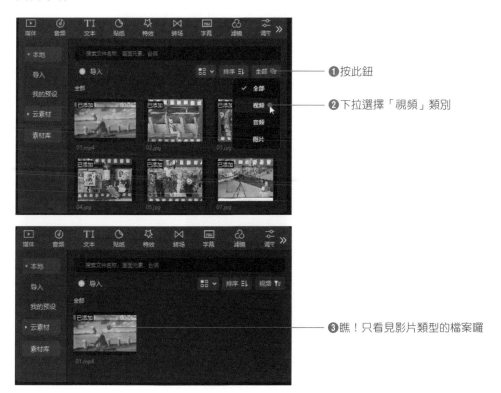

①按此鈕

②下拉選擇「視頻」類別

③瞧!只看見影片類型的檔案囉

針對所有的素材,也可以按下 排序 鈕,讓素材依名稱、創建時間、時長、文件類型等進行排序。

### 5-1-3　刪除不會用的素材

　　有些素材導入後覺得不適用，則可從素材面板上將其刪除，免得素材太多而搞混。要刪除已導入的素材，請於縮圖上按滑鼠右鍵，執行「刪除」指令，此一刪除動作，不會將原素材從原始資料夾中刪除，大家可以放心。

按滑鼠右鍵執行「刪除」
指令

### 5-1-4　尋找丟失的媒體

　　假如大家沒有養成將素材先放置在同一資料夾的習慣，萬一素材更動了位置，那麼在開啟草稿時，就會出現如下的「媒體丟失」情況。

已使用的素材找不到　　　　　　　時間線中顯示素材媒體丟失

　　素材丟失時，該段影片片段就無法正常播放。若是知道素材更動後的位置，則可於縮圖上按滑鼠右鍵，執行「鏈接媒體」指令，然後在「鏈接媒體」的視窗中選取原影片，按下「開啟」鈕即可重新鏈接成功。

## 5-1-5　設定圖片預設時長

　　導入進來的圖片，在預設的狀態下每一張圖片的顯示時間為 5 秒。也就是説，加入到時間線上的每張圖片會占用各 5 秒的時間。如果需要更長或較短的時間，則可拖曳右邊界來加長或縮短。

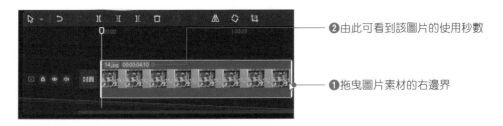

❷由此可看到該圖片的使用秒數

❶拖曳圖片素材的右邊界

　　如果你希望所有的圖片在插入時間線時都是相同的秒數，則可執行「菜單／全局設置」指令，進入如下視窗後切換到「剪輯」標籤，然後調整「圖片默認時長」的數值即可搞定。

**❶** 切換至「剪輯」標籤

**❷** 設定圖片秒數

**❸** 按下「保存」鈕離開

設定完成之後所加入至時間線的圖片，每張都是時長為 4 秒囉！

# 5-2 善用海量的素材庫

剪映這套影片編輯軟體，有許多特色和功能，其中之一便是它的素材庫。其特點包括：

● **多樣化的素材**：素材庫包含大量的影片素材、音樂、音效和貼圖等。這些素材可幫助用戶建立各種不同風格和主題的影片內容。

● **專業品質**：素材庫中的素材都經過精心挑選，具有高品質和專業水準。無論是影片片段還是音樂，都能讓用戶的影片製作看起來更專業、精緻。

● **簡單易用**：素材庫設計簡潔直觀，使用起來非常容易，用戶可以輕鬆瀏覽、搜索和選擇所需的素材，並將其拖放到時間軸上進行編輯。

剪映軟體的素材庫提供了豐富多樣的素材，具有專業品質和簡單易用的特點。它可以幫助用戶快速找到適合的素材，使影片製作變得更加輕鬆和有趣。

## 5-2-1　搜尋與下載「媒體」素材庫

了解素材庫的特點後，馬上就來使用看看吧！我們都看過很多戲劇影片的片頭／片尾皆有用到潑墨的效果，看起來相當吸引人，而實際做起來也相當簡單。

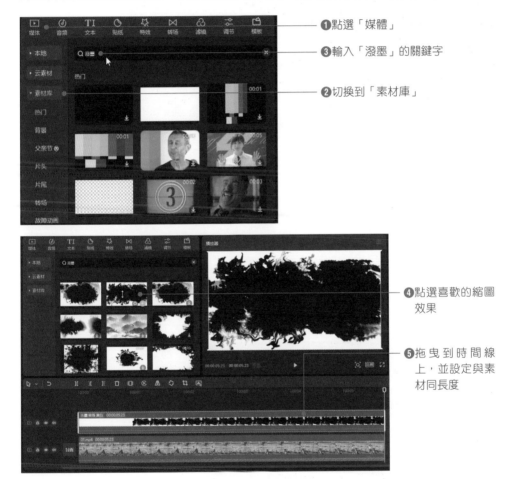

❶點選「媒體」

❸輸入「潑墨」的關鍵字

❷切換到「素材庫」

❹點選喜歡的縮圖效果

❺拖曳到時間線上，並設定與素材同長度

⑥切換到「畫面／基礎」標籤

⑦將「混合模式」設定為「濾色」

⑧瞧！潑墨效果就覆疊在圖片上囉！

透過這種搜尋方式，可快速找到需要的關鍵素材，不管是做節日慶典、商品宣傳，都可以快速應用至專案中。

## 5-2-2 搜尋與下載「貼紙」素材

除了相片、影片素材可由「媒體」素材庫進行搜尋外，貼紙也是豐富畫面的一個元素，切換到「貼紙」標籤，直接以關鍵字進行搜尋，就可以快速找到與關鍵字有關的貼圖。

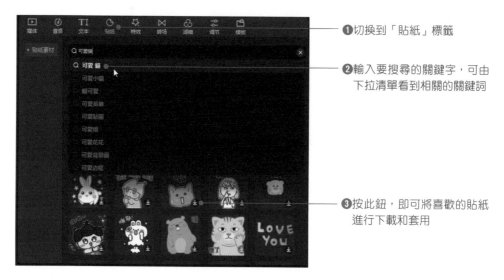

①切換到「貼紙」標籤

②輸入要搜尋的關鍵字，可由下拉清單看到相關的關鍵詞

③按此鈕，即可將喜歡的貼紙進行下載和套用

下載後的貼紙加入到時間線中，它也會自動成為獨立的一個軌道，貼圖大小的控制則是由右側的「貼紙」面板來進行「縮放」的控制。如下所示：

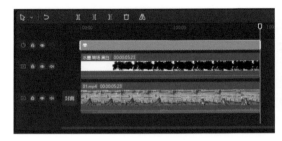 

## 5-2-3 搜尋與下載「模板」與「素材包」

第二章曾介紹過利用「模板」功能來剪同款的影片。在剪映的操作介面中也有「模板」標籤，裡面包含了「模板」和「素材包」，方便各位快速套用或修改素材。使用方式和前面一樣，輸入關鍵字即可進行搜尋，然後再下載、套用。

# 5-3 新世代 AI 技術

剪映軟體近年來已成為自媒體愛用的軟體之一，主要是因為它加入許多的 AI 技術。除了第一章介紹過的「智能圖文成片」功能外，再介紹兩個功能－「智能鏡頭分割」及「智能剪口播」。

## 5-3-1 智能鏡頭分割

對於導入進來的影片片段，剪映有提供「智能鏡頭分割」的功能，可以快速幫你分析影片的鏡頭，同時作區段的分割。如下所示的「晉安日夜間表演片段.mp4」，內容包含了白天與晚上的兩段表演。在導入素材後，按滑鼠右鍵執行「智能鏡頭分割」指令，就可以快速切割成白天與晚上兩個影片片段。

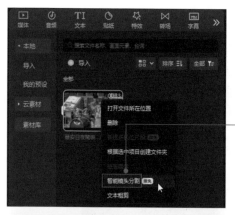

❶按滑鼠右鍵執行「智能鏡頭分割」指令

按點「全部」可回到上一層

❷瞧！自動分割成白天與晚上兩段影片

大家可別小看這項功能，當你在影片中需要運用到他人素材時，便可透過此功能來擷取素材中的重要片段，或是當你在學習其他創作者的作品時，也可以利用它來解析別人的運鏡手法，作為將來創作的一個參考！

影片鏡頭被分割後，它會將分割的影片片段存放在一個資料夾中，當你按下上圖中的「全部」鈕，就會回到上一層，並看到原影片和分割素材的資料夾。

## 5-3-2 智能剪口播－快速消除視訊無聲片段

在錄製影片時，往往會有腦筋空白而停頓的時候，或是習慣性的口頭禪、語助詞等，透過「智能剪口播」可幫你先檢測出來。

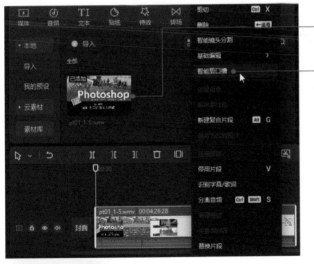

❶導入素材後，將素材拖曳到時間線

❷按滑鼠右鍵執行「智能剪口播」指令

❸顯示素材分析中，請稍待一下

④由此處可以看到停頓處、重複及語助詞的標註情況

　　按下「播放」▶鈕，可從左側的「文本」區看到剪映所標記的情況。如下圖所示，如果標記的範圍想要刪除，只要點選該區後，即可在工具列上選擇「刪除」指令。

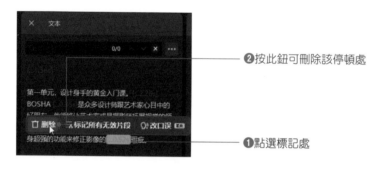

②按此鈕可刪除該停頓處

①點選標記處

　　執行「刪除」指令後，時間軸的該處片段就會被剪掉。另外你也可以點選「標記無效片段」的功能，此功能會將該影片所標記的停頓、語氣詞和重複處通通消除，至於「改口誤」的功能必須登入會員才能使用。

按下此鈕，就會刪除所有標記的區域

# 時間線素材的編修

本章我們主要針對時間線上的素材進行編修，不管是影片、相片、
音樂，哪些技巧可以快速剪輯影片片段，以符合所需的效果，同時
改善素材的缺失，又該如何做人物的美化、如何作吸睛的封面圖，
都會一併探討。

# 6-1 影片基礎編輯

　　影片的主要素材是大家所拍攝的相片或影片片段，要將個人的創意與想法表現給他人知道，就必須透過時間線來將各種素材串接起來。拍攝的影片素材並非每段影片畫面都是必要的，如何將影片片段去蕪存菁，那就要靠大家來修剪了。剪映為了方便使用者編輯影片，把所有的影片剪輯工具都放在時間線上端，如下圖所示：

影片剪輯工具

## 6-1-1 單一影片一分為二

　　時間軸中的影片片段，如果需要將內容分割為二段，只要把播放磁頭放在要分割的位置，再按下「分割」Ⅱ鈕，就可依據所設定的位置來分割影片。

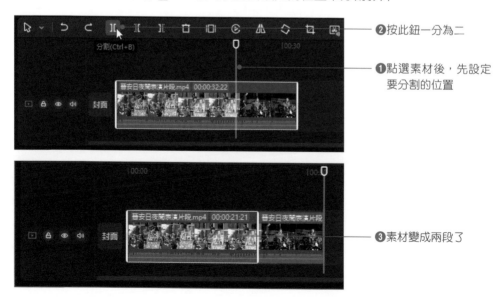

❷按此鈕一分為二

❶點選素材後，先設定要分割的位置

❸素材變成兩段了

　　素材一分為二後，不要的部分可以選取後按下時間線上的「刪除」🔲鈕刪除素材。

## 6-1-2 修剪前後，保留精華

　　拍攝的影片通常都需要去頭去尾，或是把不良的地方裁切掉，這樣才能把精華的部分保留下來。你可以透過「向左裁剪」**1I**鈕修剪掉左側不要的地方，「向右裁剪」**I1**鈕修剪掉右側不要的地方。

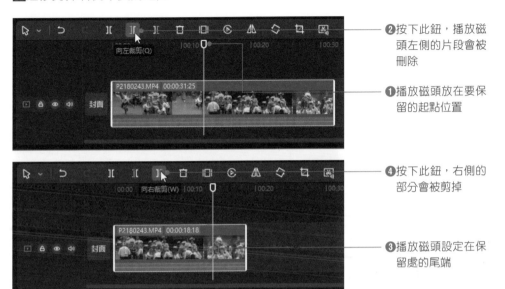

❷按下此鈕，播放磁頭左側的片段會被刪除

❶播放磁頭放在要保留的起點位置

❹按下此鈕，右側的部分會被剪掉

❸播放磁頭設定在保留處的尾端

## 6-1-3 讓畫面凝結的「定格」處理

　　定格（Freeze）是電影運鏡的技巧之一，作用是讓活動的影像突然停止而成為靜止畫面，讓動作有剎那間「凝結」的效果，目的在凸顯某一神態或細節等。當你想要凸顯某一畫面時，只要將播放磁頭移到該處，按下「定格」**I�©I**鈕，它會自動擷取畫面並插入該畫面，同時設定畫面長度為 3 秒鐘。

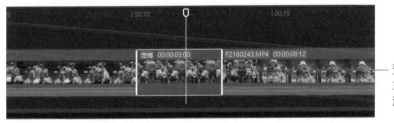

預設的定格畫面為3秒鐘，長度的增減可拖曳其右邊界

## 6-1-4　倒放影片的魅力

　　有時候因為畫面的效果，必須將影片的播放順序倒轉過來，這時候可以透過剪映提供「倒放」功能來完成。選用「倒放」功能會自動將拍攝的影片內容從最後面往前播放到最前面。

　　將影片反轉倒著播放可以製作出酷炫的影片效果，把生活中最平凡的動作像施展魔法一般變得有趣又酷炫。例如拍攝從上而下跳水、潑水、噴香檳、吹泡泡、飛車…等動作，只要稍微發揮你的創意，各種魔法影片就可輕鬆拍攝出來。

　　如下圖所示，原本的水流是從左下方往上的方向擴散流出，按下「倒放」鈕進行後，就會看到水流迅速從上往下流入洞中。

## 6-1-5　建立鏡像效果

　　在影片中建立鏡像效果，可以讓畫面的某一半映出另一半，或是因為構圖的關係，需要將畫面左右翻轉，就可以利用「鏡像」鈕來處理。不過影片中如果有包含招牌、文字、字母、數字等就要特別留意一下，免得一眼就被發現文字顛倒了。

▲ 原影像　　　　　　　　　　　　　　▲ 進行鏡像的結果

## 6-1-6 影片轉向 90 / 180 / 270 度

在拍攝影片時，有時會使用到特殊的角度去拍攝素材，但是在正常播放軟體上，影像畫面就會用 90 度角方式呈現，甚至翻轉 180 度。或者為了藝術效果的傳達，需要將影片旋轉或翻轉，這時候就可以使用「旋轉」◇工具來處理。

選取素材影片後，按一下◇鈕就會順時鐘轉 90 度，再按一下就是 180 度，以此類推。從預覽視窗中可看到旋轉後的結果。另外，預覽視窗下也有提供◎鈕，按住移動滑鼠即可作任一角度的旋轉。

❷此處會顯示旋轉的度數

❶ 按此鈕拖曳旋轉的角度

## 6-1-7 裁剪影片

想要將拍攝的影片裁切成特定的長寬比例，或是因為要作特殊的效果而要裁切畫面者，即可使用「裁剪」▣工具來裁剪。剪映的「裁剪」工具除了可以調整裁剪的比例為 1:1、3:4、4:3、16:9、9:16 等常用的比例外，也可以自由裁剪，甚至是調整畫面的旋轉角度喔！

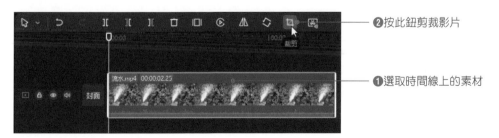

❷按此鈕剪裁影片

❶選取時間線上的素材

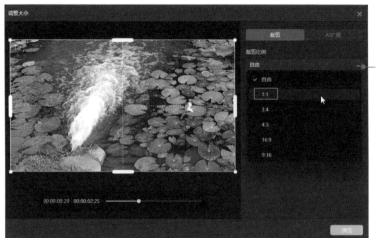

❸由此下拉選擇長寬比

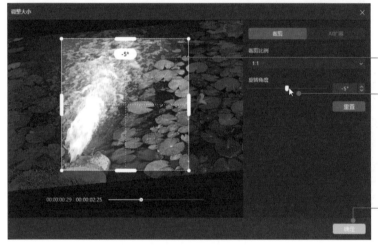

❺按住拖曳可改變位置

❹由此調整旋轉角度

❻設定完成，按此鈕確定

　　剪裁後的畫面，可以複製一份後置於上層，再將其「鏡像」處理，可做出對稱的排水效果。如下所示：

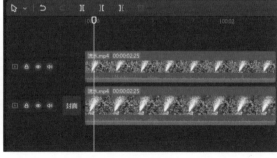

## 6-1-8 影片靜音處理

通常拍攝影片時，有時會將周遭的聲音一併攝錄下來，若在串接視訊時，不希望顯示視訊中的原有聲效，諸如：交通工具的聲音，或是行人交談的聲音…等，則可以在該軌道前方按下「關閉原聲」  鈕，這樣該軌道上的影片就不會顯示出聲音來。

開啟／關閉原聲

萬一該軌道還有其他的素材，而你希望特定的影片片段作靜音處理，那麼可以透過右側的「功能面板」來控制音量。

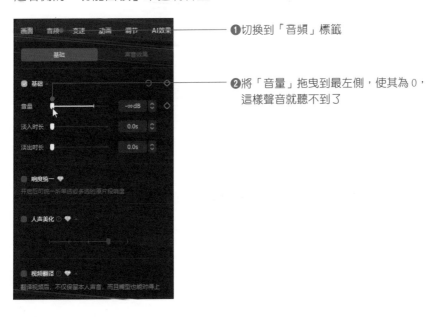

❶切換到「音頻」標籤

❷將「音量」拖曳到最左側，使其為 0，這樣聲音就聽不到了

## 6-1-9 由影片中分離音訊

拍攝的過程中，影片會把拍攝環境中的語音旁白一起記錄下來，如果在剪輯過程中需要將影片中的聲音與視訊分開來處理，那麼可以將視訊與聲音二者分離，如此一來就可以分別編輯視訊檔和聲音檔。

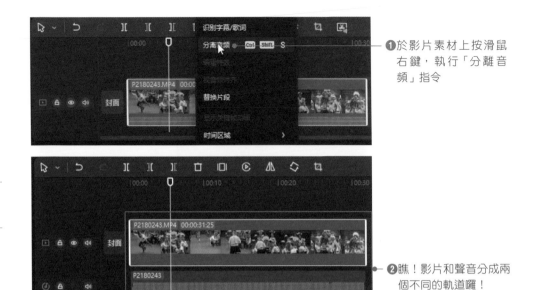

❶於影片素材上按滑鼠右鍵，執行「分離音頻」指令

❷瞧！影片和聲音分成兩個不同的軌道囉！

## 6-1-10　制定導出影片為橫頻／豎頻／方頻

在剪映軟體裡，影片編輯的尺寸是適應於原始的影片尺寸，所以它會以第一個拖曳到時間線的素材，作為影片的編輯比例。例如：同時有 16:9 與 4:3 的素材，當你先將 16:9 的素材放入時間線，那麼影片的編輯尺寸就會是 16:9 的比例，反之，則影片的編輯尺寸就會變成 4:3。

▲ 先放 4:3 素材，後放 16:9 素材，則 16:9 的畫面上下會顯示黑底

▲ 先放 16:9 素材，後放 4:3 素材，則 4:3 的畫面左右會顯示黑底

　　當你要為社群媒體製作廣告時，必須要符合他們的廣告規格，例如臉書的影片廣告，其長寬比多為 9:16 或 16:9，輪播廣告的長寬比為 1:1；又如西瓜視頻是橫式的 16:9，而抖音則是直式的 9:16。所以製作影片前，一定要先確定影片用途或平台慣用的尺寸，再開始製作合乎規格的影片才不會作白工。

　　當我們將任一素材拖曳到時間線後，可以透過「播放器」右下角的 比例 鈕來設定導出時的影片尺寸。此處以豎頻為例：

❶先拖曳任一素材至時間軸

❷按下「比例」鈕

❸選擇要編輯的影片尺寸，這裡選「9:16(抖音)」

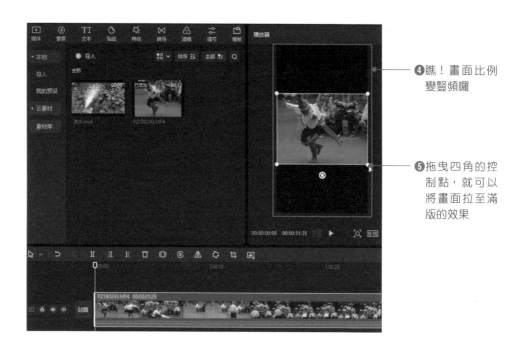

❹瞧！畫面比例變豎頻囉

❺拖曳四角的控制點，就可以將畫面拉至滿版的效果

　　對於已製作完的宣傳影片，若要拿到不同平台進行宣傳時，通常都可以透過「播放器」的 比例 鈕來進行調整，畫面如果能夠放大至滿版是比較好看，如果因為文字或主角的關係，無法使用滿版的畫面，則上下的黑色區塊可以考慮放入「花字」來凸顯標題、加入宣傳文字、使用「背景填充」等方式來解決喔！

## 6-1-11　模糊畫面變「超清畫質」

　　有時候使用的素材本身由於是網路抓取下來的，因此原本畫面就比較小且較模糊，但又必須使用它時，即可透過剪映的 AI 智慧「超清畫質」來處理，只要在「畫面／基礎」標籤中勾選「超清畫質」的選項，剪映就會自動開始處理，把模糊的視訊畫面變成具有 4K 的畫質。

一鍵把模糊畫面變超清畫質

不過這項功能必須是會員才能使用，但對於要求品質的用戶來說，只要一鍵就可輕鬆搞定仍是非常地方便，建議各位可以試用看看，只是在導出影片時會顯示「會員權益」，表示需要開通會員才能導出此影片。

## 6-1-12 導出影片片段

在使用影片素材時經常會遇到一個問題，原影片很長，但是我只需要用到幾個短暫的片段。如何有效地擷取這些片段，是很多人關心的問題，因為剪映的「導出」功能基本上只導出完整的影片，如果想要設定導出的影片範圍，則必須透過快速鍵才可以設定範圍。大家可以按視窗右上方的「快速鍵」▤鈕，切換到「時間線」標籤，就會找到以下幾個快速鍵的用法。

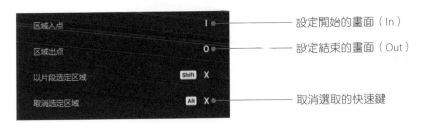

以片段選定區域

如果你已經有切割的片段，點選後直接按「Shift」+「X」鍵，會將其他的片段隱藏起來。

❶選取要導出的片段，按「Shift」+「X」鍵

❷只顯示選取的片
段囉！

## 以「I」、「O」鍵設定範圍

我們也可以利用「I」鍵和「O」鍵來設定要導出的區域範圍。

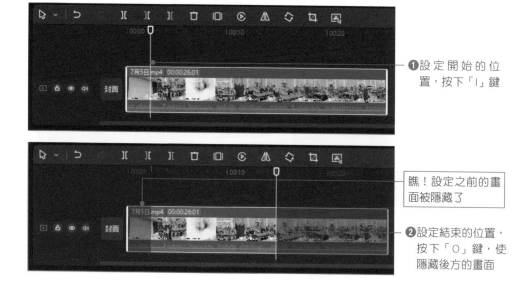

❶設定開始的位
置，按下「I」鍵

瞧！設定之前的畫
面被隱藏了

❷設定結束的位置，
按下「O」鍵，使
隱藏後方的畫面

完成如上動作後，按「導出」鈕導出影片，就可以導出指定的範圍囉！若要消除
已選定的範圍，除了按「Alt」+「X」鍵外，也可以按下旁邊的灰色鈕。

按此鈕取消選定
區域

學會導出片段影片的功能後，你就可以將會運用到的素材，以此方式進行導出保
存，下回要用的時候就方便許多，另外，在跟客戶溝通時，也可以只針對客戶有意
見的部分，導出修改後的結果來進行確認，省下不少上傳的時間喔！

## 6-1-13 導出靜幀畫面

在編輯視訊時，有時候我們需要將重要的畫面擷取下來，以便製作封面圖，或是做其他的創意編排。在剪映軟體中，也能允許我們導出單一畫面喔！請由「播放器」右上角按下 ≡ 鈕，下拉選擇「導出靜幀畫面」的指令。

❶按此鈕

❷選此項導出該畫面

❸設定名稱

❹設定導出的位置

開啟此功能，畫面也會導入到目前編輯的檔案中

❺按此鈕導出畫面

完成上述動作後，設定的資料夾中就會看到該張畫面囉！

# 6-2 畫面設定技巧

製作影片時，除了使用拍攝的影片片段來進行串接外，靜態相片也是很好素材之一，因為靜態相片也能動態化，這節先為各位解說相片的基礎設定技巧，至於關鍵畫格的動態處理，會在第七章做説明。

## 6-2-1 靜態相片也能動態化

大家都知道，影片的原理是將一系列的靜態影像快速且連續地在螢幕上顯示，利用人類眼睛視覺暫留的特性，就能使相片產生移動的感覺，如下圖所示，善用單張影像也可以產生動態的影片效果。

以上圖的畫面來看，利用影片剪輯軟體的「關鍵畫格」設定，也可以作出鏡頭由左向右拍攝的影片動態畫面。

同樣地，一張全景的數位相片，若利用影片剪輯軟體的「關鍵畫格」設定，再運用「縮放」功能，也可以作出如攝影機縮放鏡頭的動態效果。

— 鏡頭取景的位置

　　下面三張圖顯現出如影片在拍攝時的由近處拉到遠處的縮放效果。

　　隨著科技的進步，手機的「相機」功能也有提供全景模式的拍攝，只要使用者依照景物方向水平移動手機，就能完成如下圖的寬廣全景景緻，這樣的長條形畫面如同一幅卷軸畫一樣。

　　這樣的拍攝畫面，可以透過之後學到的「關鍵畫格」設定，只要設定前後兩個關鍵畫格的畫面，再設定移動的時間，這樣就可以讓畫面由左移動到右，提供觀看者不一樣的視覺感受。

第一個關鍵畫格
的位置

最後關鍵畫格的
位置

經由以上的介紹，相信大家可以體驗出，影片的素材不一定都是要動態的連續畫面（影片素材），善用相片素材也可以模仿出動態的視覺效果。

除了利用關鍵畫格做出想要的縮放或移動效果外，剪映在右側的面板上也有提供「動畫」標籤，只要由時間線中選定素材後，於縮圖上按滑鼠兩下，即可套用「入場」、「出場」、「組合」的各種動態變化！

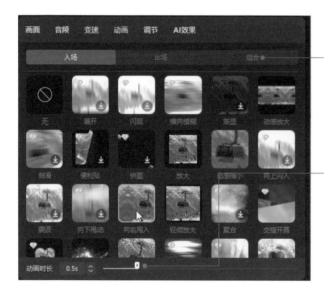

「組合」是包含有入場和
出場的動態效果

點選縮圖效果後，由此
可設定動畫的時間長度

## 6-2-2 變更影像素材長度

前面提過導入進來的圖片，在預設的狀態下每一張圖片的顯示時間為 5 秒。也就是說，當你將圖片加入到時間線上，每張圖片會占用 5 秒的時間。如果需要更長或較短的時間，可以拖曳右邊界來加長或縮短。

與圖片相關的剪輯功能
顯示在此

這裡顯示圖片實際秒數

拖曳圖片素材右邊界，
可變更時間長度

## 6-2-3　設定大小／位置／旋轉／對齊

由於素材來自於四面八方，且不同的拍攝機器可能使素材比例大小都不相同。所以當素材被串接時，影片周圍可能會出現黑色的背景。如下圖所示，左圖顯示滿版看起來較為專業，而右圖則於左右兩側出現黑色背景，看起來較不美觀。

▲ 相片顯示滿版

▲ 相片素材左右出現黑色背景

往外拖曳
控制點，
可將畫面
拉至滿版
的效果

此時最簡單的調整方式，就是透過預覽視窗拖曳四角的控制點往外拉，就可以調整相片的比例大小。另外，由右側的「畫面／基礎」標籤，可以同時控制縮放比例、左右位置、旋轉角度、以及對齊的位置。

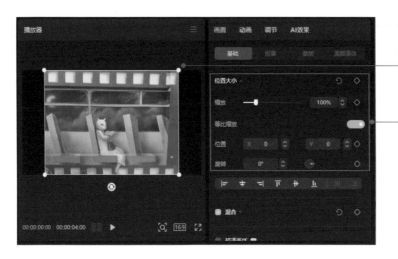

從預覽視窗可做縮
放、位置、旋轉的
設定

從面板也可做縮
放、位置、旋轉、
對齊的設定

## 6-2-4　以模糊／顏色／樣式填充背景

　　當影片的比例與素材的比例不相同時，除了利用「縮放」的方式來消除露出來的
黑色底外，也可以透過「背景填充」方式來處理背景。剪映提供的背景填充有「模
糊」、「顏色」、「樣式」等方式。

❶點選素材後，切
換到「畫面／基
礎」標籤

❷勾選「背景填
充」

❸下拉可看到模
糊、顏色、樣式
三種填充方式

### 🎬 模糊

　　以該相片為背景，可選用不同的模糊程度。若要將效果套用至其他的素材上，可
按下「全部應用」鈕。

直接點選縮圖，可套用
不同程度的模糊效果

## 顏色

可為背景填入指定的單一色彩。按下 ▨ 鈕，會出現如下圖的色譜，可自訂特殊的
色彩，或是使用「滴管」 ▨ 工具擷取相片中的特定顏色。

❶ 按此鈕自訂顏色

❸ 至預覽視窗擷
取喜歡的顏色

❷ 點選滴管

直接點選顏色，
可將背景設為指
定的色彩

## 樣式

提供各種的樣式範本，可供下載套用。

# 6-3 要你好看的美顏美體設定

很多人出外遊玩，都喜歡利用相機來記錄生活點滴，大家都希望相片／影片能呈現自己最美好的狀態，即使臉上有皺紋、有痘痘，太胖、臉太大、腰太粗、皮膚太黑…，甚至是歲月留下來的痕跡，都希望能在相片／影片上遮掩掉這些缺點。這個心聲剪映聽到了，所以軟體內就有提供美顏、美型、手動瘦臉、美妝、美體等功能，讓你可以依照需求進行人物的美化。

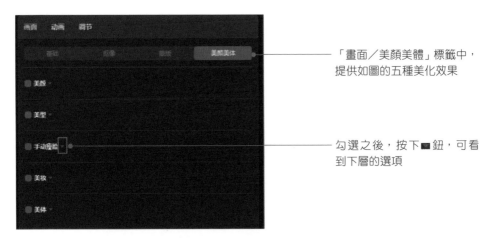

「畫面／美顏美體」標籤中，提供如圖的五種美化效果

勾選之後，按下 ■ 鈕，可看到下層的選項

## 6-3-1 美顏調整

勾選「美顏」選項，可針對「單人模式」或「全局模式」進行磨皮、去除法令紋、黑眼圈、美白肌膚、白牙等處理。如下圖所示是經過磨皮、去除法令紋、黑眼圈的結果。

剪映熟手篇—使用剪映開始創作

▲ 原影像

▲ 美顏處理後的結果

## 6-3-2 美型處理

　　勾選「美型」選項，可針對「單人模式」或「全局模式」進行「面部」、「眼部」、「鼻子」、「眉毛」等部位進行細部的調整，所以想要瘦臉、眼睛變大、擁有高鼻樑、櫻桃小嘴…等，就利用「美型」來處理吧！

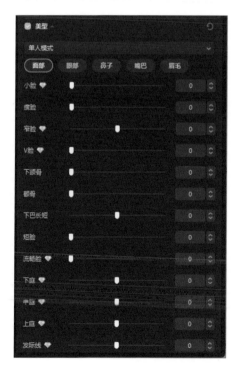

## 6-3-3　手動瘦臉

　　勾選「手動瘦臉」的功能，即可用滑鼠代替手指，在想要瘦臉的地方來回拖曳，達到局部瘦臉的效果。

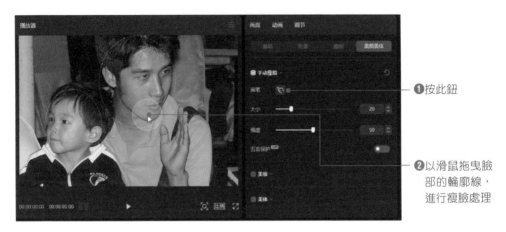

❶按此鈕

❷以滑鼠拖曳臉部的輪廓線，進行瘦臉處理

## 6-3-4　美妝處理

　　勾選「美妝」功能，可針對「單人模式」或「全局模式」進行「套裝」、「口紅」、「睫毛」、「眼影」、「眼線」、「美瞳」、「雀斑」…等調整，其中的「口紅」和「睫毛」可設定程度的變化。

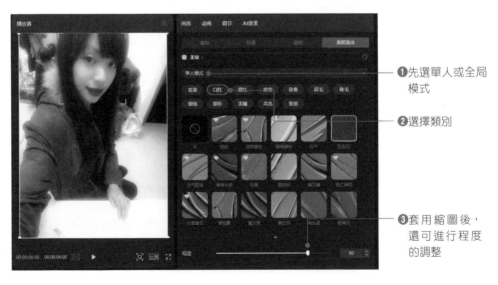

❶先選單人或全局模式

❷選擇類別

❸套用縮圖後，還可進行程度的調整

### 6-3-5　美體設定

勾選「美體」功能，可以「瘦身」、「瘦腰」、「拉長腿」、「磨皮」、「美白」、「小頭」，讓照片變得更完美。

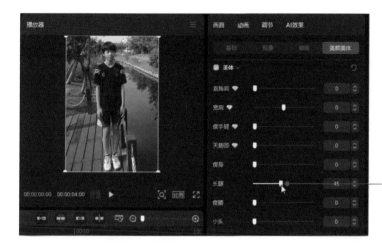

調整「長腿」的滑鈕，則腳的長度會加長

## 6-4　影片的變速處理

好不容易剪輯完成的影片，結果客戶說總長度太長要縮短。天哪！要重新把素材一一變短、調整素材的位置、還要控制在一定的時長內，這得花很多時間欸！但如果會變通，則可把未包含聲音的完成影片先行導出，再透過「變速」功能來調整，最後再加入正常的音樂，就可以快速搞定問題。

影片的變速也可以應用在「縮時攝影」上，「縮時攝影」顧名思義就是將影片的時間縮短，使影片快速播放的效果。縮時攝影目前運用的範圍相當多，舉凡拍攝大自然的變化、晨昏日落的變化⋯等，都可看到縮時攝影的表現。另外，想要將重要的畫面以慢速度的方式呈現，讓觀看者細細觀看品味，利用「變速」功能也能辦到喔！

## 6-4-1 加速 / 減速設定

要進行加速、減速的調整，請由時間軸選取影片素材後，由右側的「變速／常規變速」標籤即可進行設定。

往右拖曳，速度加快，則時長變短；往左拖曳，速度變慢，則時長變長

當你接受客戶要求把影片變短時，只要導出後的影片「時長」設定在客戶指定的時間內，並配上正常的音樂就可快速搞定。但若需將影片時長變慢，則剪映還提供「智能補幀」的選項，可以選擇「幀融合」或「光流法」的方式補足畫格。

## 6-4-2 曲線變速

除了正規的加速、減速外，切換到「曲線變速」標籤，則可套用預設的曲線變速
效果，或自行定義曲線。

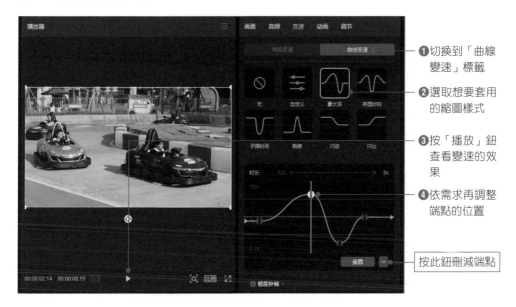

❶切換到「曲線
變速」標籤

❷選取想要套用
的縮圖樣式

❸按「播放」鈕
查看變速的效
果

❹依需求再調整
端點的位置

按此鈕刪減端點

原則上，端點的位置在虛線之上則速度加快，端點在虛線下方則速度變慢，如果
需要增加／刪減端點，可按右下角的 ➕ 或 ➖ 鈕。

# 6-5 音訊處理

在時間線上會出現音訊的地方有兩個，一個是影片上的聲音，一個是單純的音訊
檔。這兩個地方都有提供「音頻」的控制項，可做聲音的基礎設定與變速處理。

## 6-5-1 音量調整與淡出入設定

當將背景音樂或語音旁白拖曳到時間線上，它們會自動顯示在不同的軌道上，點
選音訊素材，即可由右側的「音頻」面板進行音量、淡入時長、淡出時長的基礎設
定。

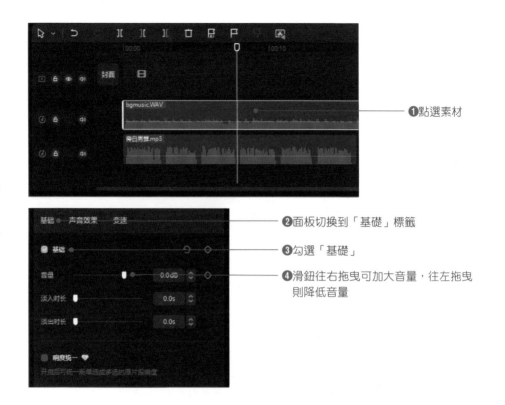

❶點選素材

❷面板切換到「基礎」標籤

❸勾選「基礎」

❹滑鈕往右拖曳可加大音量,往左拖曳
則降低音量

　　調動「淡入時長」可讓聲音由無聲漸變成有聲,音樂尾端的地方調動「淡出時長」
會讓音樂漸變成無聲,這樣聽起來會比較順暢,不會有突然斷掉的感覺。加入淡
入、淡出的效果後,音訊的左右會顯示如下的曲線,你也可以直接拖曳白色的圓點
來控制淡出入的時長。

有加入淡出入效果的
音訊

未加入淡出入效果的
音訊

　　影片中如果有包含聲音,那麼時間線上會在影片下方顯示聲音的聲波圖樣。

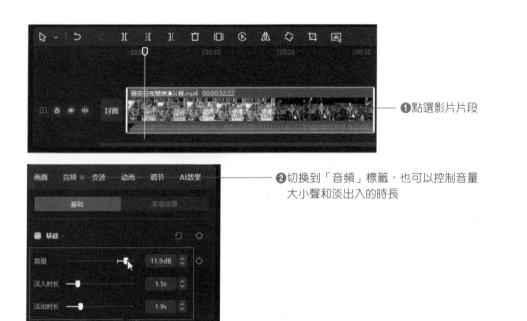

❶點選影片片段

❷切換到「音頻」標籤，也可以控制音量
大小聲和淡出入的時長

## 6-5-2 音訊降噪

當影片或音訊中有出現輕微的噪音時，可以透過「音頻」面板中勾選「音頻降躁」
的選項，這樣可以有效地去除噪音。如果是比較雜亂的噪音，則建議重新錄製聲音
會比較好。

勾選此項可降低噪音（此功能目前已改為
會員使用）

## 6-5-3　人聲效果處理

在人聲效果的處理方面，剪映提供的功能相當強大，不僅在「音色」方面可以變更，亦可針對「場景音」和「聲音成曲」的部分做改變。請點選旁白聲音後，由右側面板進行「聲音效果」的處理，選擇聲音後，即可再透過底下的不同屬性來調整聲音效果。

　　　　　　　　　　　　　　　　　　　　── 三種類型的聲音效果

### 設定音色

在「音色」標籤中，可將你所選定的人聲變更為機器人、廣告男聲、台灣小哥、怪物、大叔、聖誕精靈…等的聲音。

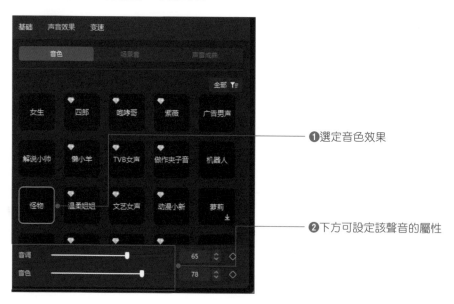

❶選定音色效果

❷下方可設定該聲音的屬性

剪映熟手篇─使用剪映開始創作

## 場景音

可將選定的人聲，加入環繞音、回音、擴音器、電音、沒電了…等聲音效果。

## 聲音成曲

　把人聲旁白以歌曲的方式唱出。目前免費用戶只有「民謠」可以選用，其餘的聲音成曲必須為會員才可導出影片。

　有關時間線的影片、相片、聲音等素材的編修技巧先介紹至此，利用本章介紹的內容，你就可以輕鬆地串接和剪輯各種影片內容。熟悉之後，下個章節就進入素材的覆疊與合成，讓你生成的影片更豐富且多樣化，千萬別錯過呦！

# MEMO

# 不藏私的覆疊與
# 合成素材技巧

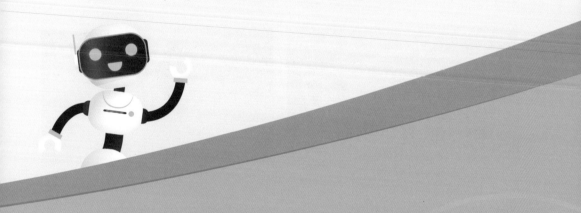

對於影片的編輯，除了基本的影片修剪、串接、加入轉場與特效外，
要讓影片畫面看起來層次豐富又精采，就必須對「覆疊」的使用有
所了解。所謂「覆疊」就是重複堆疊的意思，只要軌道多，彼此之
間的素材不會完全被遮掩住，就可以產生豐富且多層次的畫面效
果。本章將針對各種素材的覆疊作介紹，同時告訴你該如何覆疊素
材，讓製作出來的影片能夠更具特色，與眾不同。

# 7-1 素材覆疊的必勝攻略

在一般的情況下，使用者將素材依序拖曳到時間線，就能依照自己的構思串接成影片。單一軌道的素材串接看起來會比較平淡些，若想讓畫面變得豐富些，則可在其他軌道中放入更多的素材，包含相片、影片、標題文字、字幕、插圖、貼紙、色塊…等，都是可覆疊的素材。

## 7-1-1 覆疊的精采範例

如下圖所示為一個以上的物件相互堆疊而成的畫面。通常第一個視訊軌會放入滿版的畫面，第二軌之後的素材則是縮小比例編排在畫面之中，而文字也算是覆疊的素材之一。

▲ 三個去背物件＋文字

▲ 子母畫面

▲ 中空去背的畫框物件

▲ 色卡的應用

▲ 蒙版＋貼紙　　　　　　　　　　　　　▲ 透明色塊＋標題字

從以上的範例中，你可以看到色塊的應用，利用「不透明度」的控制，可以讓底層的素材顯露出來，特別是畫面比較大時，透過色塊的透明度控制，可以讓上層的標題文字更清楚表現出來。

覆疊若要加入不規則的物件，可以利用繪圖軟體儲存成 PNG 格式（亦即去背的影像物件），也可直接在剪映軟體中使用「摳像」的功能來進行色度或智能摳像，或是在「貼紙」標籤中透過搜尋功能來找到適合的覆疊物件。

在畫框部分，不管是中空的、只有上框、下框，或是有柔邊效果的畫框，也都是儲存成 PNG 的去背圖形，就可以匯入到剪映軟體中使用。

▲ 中空的畫框　　　　　　　　　　　　▲ 下框效果

## 7-1-2　令人驚艷的混合模式

「混合」是一種簡單又好用的覆疊方式，用來設定媒體混合的模式，讓選取的素材與其下方軌道中媒體，產生變暗、變亮、濾色、疊加、強光、柔光…等各種的混合效果。如下圖所示。

視訊軌
**1**畫面

視訊軌
**2**畫面

**覆疊混合模式**

　　要設定混合的效果很簡單，請先在時間線上加入兩個素材，接著點選上層軌道的素材，由「畫面／基礎」標籤中勾選「混合」的選項，再由「混合模式」下拉選擇需要的方式即可。

　　選用不同的混合模式所產生的混合效果也不相同，共有 11 種變化，你可以多加嘗試！

▲ 變亮

▲ 濾色

▲ 疊加

▲ 柔光

▲ 強光

▲ 顏色加深

## 7-1-3　覆疊素材簡單做

　　假如你會使用繪圖軟體，則可先在繪圖軟體中設計版面，只要在繪圖軟體中開啟與影片相同尺寸的畫面，解析度設定為 96，再來編輯一些插圖物件，就能讓影片編輯變得更簡單快速。

B01

B02

B03

B04

　　當你在繪圖軟體中編排好版面後，即可依照自己的構想，將部分的圖層群組或合併，再依序儲存成與影片相同尺寸的 PNG 圖檔格式，就可以在剪映進行影片編輯，而覆疊素材的方式說明如下：

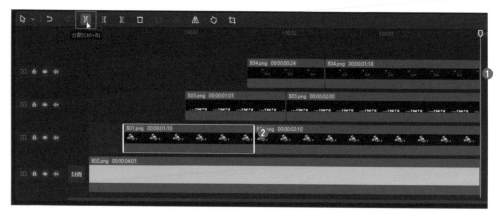

❶依序將素材排入，並設定素材的長短，讓素材的出現有前後的區別

❷使用「分割」工具切割素材區段，以作動畫處理

❸依序點選上層軌道被切割的前段素材

❹切換到「動畫／入場」標籤，套用喜歡的效果

❺由播放器預覽影片效果

　　透過此方式，所匯入的素材就不用再調整比例大小和位置，因為在繪圖軟體中都已經編排好了，只要在剪映中設定喜歡的入場或出場的動畫效果，影片就可快速完成。

## 7-1-4 隱藏與鎖定素材

在覆疊的時候，為了方便各軌道的素材編輯，你可以透過時間線左側的 👁 鈕來顯示／隱藏素材，或是 🔒 來鎖定素材，避免素材位置不小心被移動到，也方便其下層物件的選取。

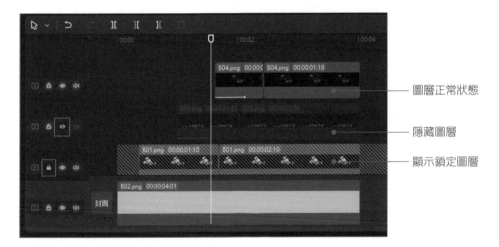

圖層正常狀態

隱藏圖層

顯示鎖定圖層

## 7-1-5 貼紙素材的使用

除了自己設計製作的插圖可以匯入剪映中作為覆疊的素材外，剪映軟體所提供的「貼紙」也是覆疊的材料之一，切換到「貼紙」標籤，可看到貼紙素材的各種分類。

❸於播放器中調整比例大小與位置

❶選用與下載素材

❷將素材放入要覆疊的軌道中

由於貼紙素材眾多，建議可透過搜尋列輸入關鍵字來找到所需的貼紙，另外，如果影片是要做為商業用途，最好設定為「可商用」的類別再進行搜尋。

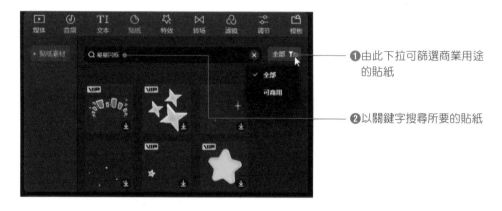

❶由此下拉可篩選商業用途的貼紙

❷以關鍵字搜尋所要的貼紙

# 7-2 畫面摳像

　　畫面摳像是剪映的強大功能之一，以往要加入去背處理的插圖，都必須透過繪圖軟體去除背景後，再儲存成 PNG 格式匯入影片軟體中才能使用，現在有了剪映的「摳圖」功能，就可以輕鬆在影片剪輯軟體中直接處理掉，就連影片片段也不需要綠幕，就能完成人像的去背。而這項功能不管是場景的切換、人物對話的合拍、人物穿字的效果等，都可輕鬆做到。

　　點選素材後，切換到「畫面／摳像」標籤，可看到剪映所提供的摳像方式有三種：

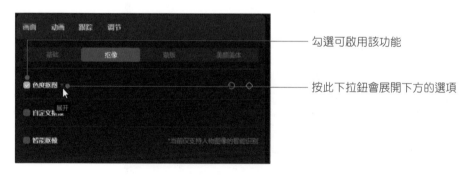

勾選可啟用該功能

按此下拉鈕會展開下方的選項

## 7-2-1 智能摳像－快速替換背景

「智能摳像」是利用 AI 技術來快速去除人像的背景，目前僅支援人物圖像的智能識別。而使用這項功能，拍片的時候也不一定要實景拍攝，只要人物和景點分置於兩個軌道，再勾選「智能摳像」功能，就可讓主題人物瞬間變換到另一場景中。不過目前「智能摳像」已變更為會員才能導出影片。

如上圖的兩個場景，只要一鍵就能瞬移，搞定場景的變換！

❶由時間線上點選上層的人物

❷由面板勾選「智能摳像」

❸瞧！人物瞬間移到另一個場景中

## 7-2-2 色度摳像 – 處理綠幕素材

綠幕素材的使用是透過 Ultra 去背（Ultra Key）的設定，使素材中的綠色部分變成透明，不再擋住下層軌道的畫面，以便做素材的層層覆疊，因此，綠幕素材經常被運用在影片剪輯中。

在 YouTube 網站上有許多的免費的綠幕素材可以下載使用，剪映的「媒體／素材庫」中，也可以使用關鍵字「綠幕」來找到綠幕素材。

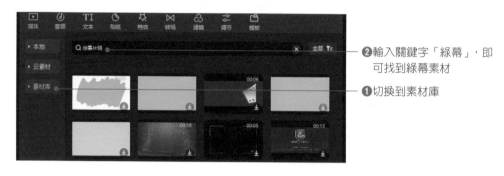

❷輸入關鍵字「綠幕」，即可找到綠幕素材

❶切換到素材庫

將綠幕素材放在上層軌道，由右側面板的「畫面／摳像」標籤，勾選「色度摳圖」的選項，接著點選灰色滴管 ▨，再到播放器的綠色處按點一下，調整「強度」值就可以將綠色部分消除。

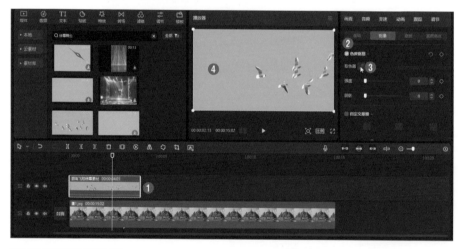

❶加入綠幕素材至軌道

❷切換到「畫面／摳像」標籤，勾選「色度摳圖」

❸點選滴管工具

❹至畫面上按一下滑鼠左鍵，使選取綠色

❺調整強度數值

❻瞧！綠色背景
被去除了

## 7-2-3　消除綠幕素材殘留的綠色邊緣

欲使用綠幕素材，透過上述的方式就能夠將綠色的背景清除乾淨，若覺得邊緣還有殘留綠色，可調整「陰影」的數值即能搞定。不過有些較不容易去除綠色的素材，如下所示的雲朵，在進行色度摳圖後，還是有許多殘留，此時不妨切換到「調整／HSL」標籤，點選綠色的圓鈕，再將其「飽和度」調低，就可以解決囉！

色度摳圖後，仍
有許多的綠色殘
留

❶切換到「調節
／HSL」標籤

❷點選綠色鈕

❸調降飽和度

❹瞧！原本的綠
色變灰色了

## 7-2-4 自定義摳像

　　若所要去除背景的畫面較為複雜，利用「智能摳像」和「色度摳圖」都無法處理的話，那就使用「自定義摳像」吧！由「畫面／摳像」中勾選「自定義摳像」，再使用「智能畫筆」將要保留的區域畫出來，畫出的範圍可用「智能橡皮」消除。筆刷大小可自行調整，圈選範圍後，按下「應用效果」鈕即可清除主體以外的區域。

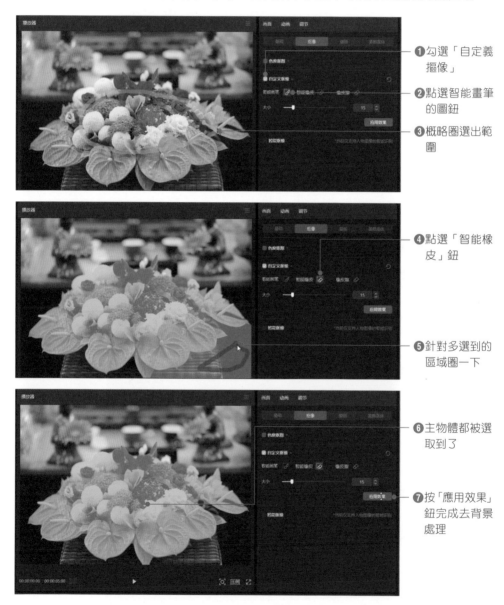

❶勾選「自定義摳像」

❷點選智能畫筆的圖鈕

❸概略圈選出範圍

❹點選「智能橡皮」鈕

❺針對多選到的區域圈一下

❻主物體都被選取到了

❼按「應用效果」鈕完成去背景處理

# 7-3 蒙版應用技巧

蒙版的作用相當於遮罩的效果，可以將不想要顯示出來的地方遮起來，同時將上下兩層的物件進行結合，學會蒙版的使用，可以玩出許多創意。

## 7-3-1 蒙版類型

請切換到「畫面／蒙版」標籤，勾選「蒙版」的選項後，將會看到線性、鏡面、圓形、矩形、愛心、星形等六種不同的蒙版。

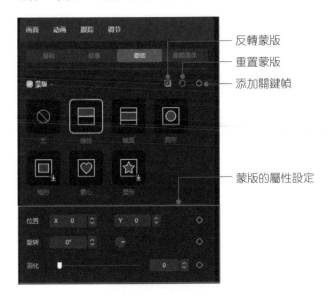

反轉蒙版
重置蒙版
添加關鍵幀

蒙版的屬性設定

縮圖中的灰色是你想要出現的畫面，黑色則是遮住的範圍。選取某一類型後，還可從下方設定蒙版的位置、旋轉、羽化、大小等屬性。此外也可以反轉蒙版，或是設定關鍵畫格，讓蒙版呈現動態的效果。學會一種蒙版的使用技巧，還可舉一反三應用到其他形狀的模板上。

## 7-3-2 線性蒙版運用－畫面切割

想要在一個畫面上同時展現兩個場景的不同風貌，利用「線性」蒙版就可以輕鬆做到。

如上的兩個海底景觀，將相片／影片插入至時間線後，分別向左和向右位移，目的是讓主體人物顯示在左右兩側。

▲ 將畫面向右移動　　　　　　　　　　　　▲ 將畫面向左移動

接下來就是利用「線性」的蒙版功能來遮住上層素材的右側，使下層的魚可以呈現出來。方式如下：

❶點選此相片

❷按下「線性」鈕

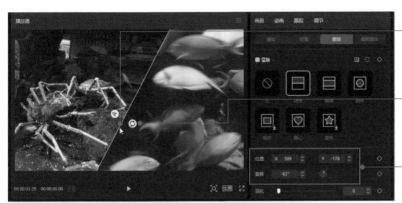

❸按住並拖曳此
　線，可以調整
　切割的位置

❹拖曳此鈕，可
　以設定旋轉的
　角度

也可以由此設定
位置和旋轉角度

❺瞧！同一畫面顯示了兩個海底的
　景觀囉！

## 7-3-3　線性蒙版運用－融合畫面

「線性」蒙版也可以幫忙把不喜歡的地方遮住，換上其他的替代。

如左上圖的海景天空，如果想要有白色雲朵顯示在上空，那就找張有雲朵的相片來取代吧！

❶點選上層的雲朵相片，並調整好位置，使雲朵位置在大樓之上

❷點選「線性」蒙版

❸拖曳線條的位置在大樓之上

❹拖曳此鈕設定羽化程度，使上層的雲融入下層的天空

也可以由此調整羽化值

❺天空完美地融入海景之中

## 7-3-4 圓形蒙版與「濾鏡」的運用

　　蒙版除了由面板來控制位置、旋轉角度、大小、羽化等屬性外，也可以再和剪映的「濾鏡」或「特效」等功能整合運用，創造出更多的效果。這裡先來看一下與「濾鏡」的運用。

▲ 原圖

▲ 濾鏡特效 + 圓形蒙版

　　如上所示，將相同的左圖畫面置於上下兩個軌道，下層軌道加入「濾鏡／黑白／牛皮紙」使變成單色效果，上層軌道套用「圓形」蒙版，並設定羽化效果，隨即變成右圖的畫面，瞬間使得蓮花更為明顯了！所以想要強調某些主體，就可以採用此方式。

## 7-3-5 圓形蒙版與「特效」的運用

　　先加入背景底圖與 1:1 的人物相片，先套用「圓形」蒙版後，再由「特效／畫面特效／邊框」類別找到「播放器 II」的特效，就可以得到如右下圖的黑膠唱片的動態效果。

▲ 人物加入「圓形」蒙版

▲ 人物圖層再加入播放器效果的特效

# 7-4　色卡的應用技巧

　　色卡是單一顏色的色塊，很多影片剪輯軟體都有提供色卡的顏色選取，因為它是一個相當好用的素材，它可以覆蓋在視訊或相片之上，藉由透明度的控制，讓相片或視訊部分顯露出來，特別是在色彩繽紛的畫面上，可以讓標題文字變得更清晰可見。

▲ 加入透明度

▲ 局部使用色卡

▲ 透明色卡＋標題字

## 7-4-1　搜尋與套用色卡

　　欲使用色卡，可以利用繪圖軟體設定喜歡的顏色，再儲存成 PNG 格式導入即可。另外也可以從「媒體／素材庫」進行搜尋關鍵字「色卡庫」，也可以找到相關的素材，然後從中選取想要使用的顏色。方式如下：

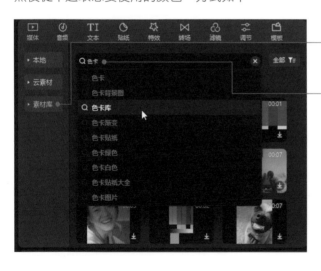

❶切換到「媒體／素材庫」

❷輸入關鍵字「色卡」，就可以找到與色卡相關的關鍵素材，在此選擇「色卡庫」

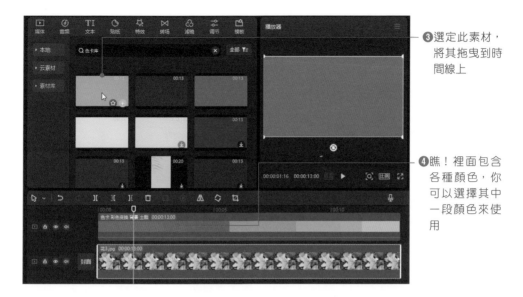

❸選定此素材，將其拖曳到時間線上

❹瞧！裡面包含各種顏色，你可以選擇其中一段顏色來使用

　　你可以將播放磁頭放在喜歡的顏色區段，再從「播放器」右上角的 ☰ 鈕下拉選擇「導出靜幀畫面」指令，即可獲得單色的色卡！導入的單色卡方便你調整色卡的時間長度。

　　另外，如果沒有找到喜歡的色卡，亦可透過「調節／ HSL」標籤來調節該色的色相、飽和度、亮度喔！

可選定與色卡相似的顏色來進行飽和度或亮度的調整

## 7-4-2　色卡的造型調整

　　有了滿版的色卡後，就可利用「蒙版」功能來設定造型，例如：套用「鏡面」蒙版、加入羽化效果，或是透過「畫面／基礎」標籤調整不透明度，都是很好的覆疊素材，可統一畫面的色調。

▲ 套用「鏡面」蒙版　　　　　　　　　▲ 加入羽化效果

▲ 調整不透明度　　　　　　　　　　　▲ 反轉蒙版

## 7-5　畫面色彩的調節

在剪映軟體中，有一個很好用的調色功能，可以精確地調整影片或相片的色調，也可以創造出非常獨特的風格，不管是色相、亮度、飽和度，或是色彩的平衡，都可以透過剪映的色輪工具來輕鬆調整，讓你提高影片的品質，所以這一小節就來探討色彩的調整。請由右側面板選擇「調節」標籤，會看到「基礎」、「HSL」、「曲線」、「色輪」等四種色彩調節方式。

剪映提供的四種調節色彩的方式

## 7-5-1 基礎調節與膚色保護

在「基礎」標籤中，勾選「調節」的選項，可針對色溫、色調、飽和度、亮度、對比度、高光、陰影、光感、銳化、顆粒、褪色、暗角等項目進行調節，只要移動滑鈕，然後從「播放器」中觀看調整的結果即可。如果相片／影片中有包含人物，可以勾選「LUT」選項，並開啟「膚色保護」的選項，可以讓皮膚的色彩在調節的過程中更自然些。

按此開啟「膚色保護」功能

移動滑鈕可調整各屬性

## 7-5-2　HSL 調整

　　HSL 是色相（Hue）、飽和度（Saturation）和亮度（Lightness）這三個顏色屬性的簡稱。色相是色彩的基本屬性，也就是顏色名稱，如紅色、紫色、黃色等；飽和度是指色彩的純度，飽和度越高則色彩越純越濃，反之則變灰變淡；亮度則是色彩的明暗程度，亮度越高色彩越白，反之色彩越黑。所以在「HSL」標籤中可以看到色相、飽和度、亮度的調整，像畫面中的小孩穿著藍色的牛仔衣，站在綠色的樹叢前面，則就可以點選「綠色」和「藍色」的圈圈，針對此二顏色進行調整，就可以讓綠葉更鮮豔自然，藍色衣服的色調更加明亮。

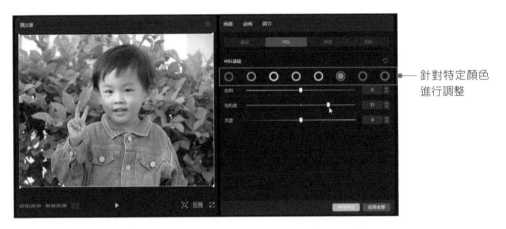

　　　　針對特定顏色
　　　　進行調整

## 7-5-3　曲線調整

　　「調節／曲線」標籤中，勾選「所有曲線」的選項，可個別針對亮度、紅色通道、綠色通道、藍色通道進行調節，在預設的斜線上按住不放並拖曳，就可以在線上加入節點。

▲ 預設為傾斜的線條

▲ 可在線上加入節點

以「亮度」為例，曲線偏上則畫面加亮，反之變暗，而紅色通道的曲線偏上，則增加紅色的成分，反之減少紅色，以此類推至綠色通道和藍色通道。若想重新調整曲線，可按下右上角「重置」↺鈕，恢復至預設狀態。

## 7-5-4　色輪調整

色輪是依照高光、中間調、陰影、偏移等進行色彩的調整。

如上圖的畫面是在黃光之下所拍攝出來的效果。若要校正偏黃的情況，則可以將「中間調」、「高光」中間的白色圓點往藍色的色輪位移一些些即可。而色輪左右兩側的灰色則是控制亮暗的情況。

❶移動此圓點，可以改善偏黃的狀況

❷調動此處是改變亮暗

# 7-6 關鍵幀應用技巧

關鍵幀（Key Frame）又稱為關鍵影格或關鍵畫格，是動畫製作中，用來標示改變的開始與結束的地方。例如我們希望某個物件從畫面的左側移動右側，就可以在左側設定開始的關鍵幀，然後到右側的結束位置設定結束的關鍵幀，設定之後，剪映就會自動比較兩者之間的差異，然後自動產生漸變的效果。

## 7-6-1 設定移動的關鍵幀

首先我們來學習關鍵幀的設定。這個關鍵幀可以針對物件的大小、位置、旋轉角度、顏色、透明度…等屬性來設定，就如標題文字的移動方式或停頓，都是可以透過關鍵幀來進行設定。

以上圖為例，時間線上有三個軌道，標題文字在最上方，此處我們希望標題文字由左側移入至右側，然後停頓下來，讓觀看者可以很容易地看清楚標題文字。設定方式如下：

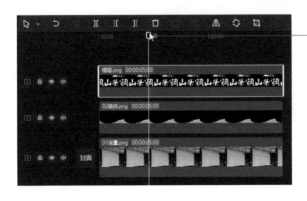

❶先決定標題文字移到右側的時間長度，然後將播放磁頭放於該處

❷切換到「畫面／基礎」標籤，在「位置」的右側按下菱形鈕使添加關鍵幀

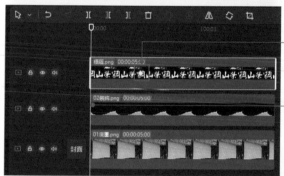

❸瞧！時間線上會自動顯示剛剛加入的關鍵幀圖示

❹播放磁頭移到時間線的最前端

❺由「播放器」將標題文字拖曳到畫面左側之外

也可以由此變更 X 軸的數值

設定完成後，在標題素材上就會看到兩個菱形，播放時也會看到文字由左側移動到右側然後停頓的效果。如果你覺得移動的速度太慢，只要將結束處的菱形往前移動，使兩個關鍵幀的距離變短，這樣移動的速度就變快囉！

兩個關鍵幀的距離越短，
移動的速度就會加快

## 7-6-2　設定淡入的關鍵幀

　　學會位置的移動後，再來看看物件由無漸變出來的效果。「淡入」是指物件由無漸變出來，「淡出」是由有漸變成無，可藉由「不透明度」來控制。設定方式如下：

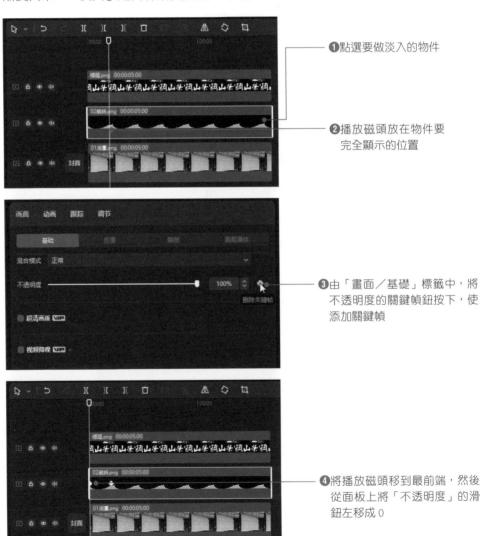

❶點選要做淡入的物件

❷播放磁頭放在物件要完全顯示的位置

❸由「畫面／基礎」標籤中，將不透明度的關鍵幀鈕按下，使添加關鍵幀

❹將播放磁頭移到最前端，然後從面板上將「不透明度」的滑鈕左移成 0

完成之後從播放器預覽效果，就可以看到該裝飾物由無漸變出來囉！

## 7-6-3　關鍵幀應用範圍

在剪映軟體中，關鍵幀可以用到哪些範圍呢？最常應用的地方就是在「畫面／基礎」標籤中的位置大小和混合模式。只要在面板上有看到◇鈕，就可以設定關鍵幀。

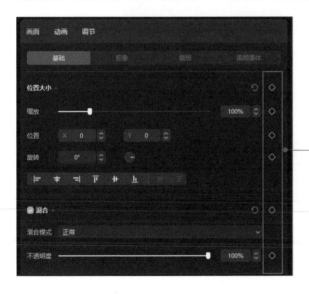

有此按鈕的地方都可設定關鍵幀

其他像是蒙版的設定、色彩、色輪的調節等，都是可設定關鍵幀的地方，端看如何運用在你的影片或相片當中。

## 7-6-4 音訊關鍵幀設定－音量大小控制

前面介紹的關鍵幀是針對影片或相片的處理，對於音訊部分，可從「音頻／基本」標籤中來設定「音量」或「變聲」。

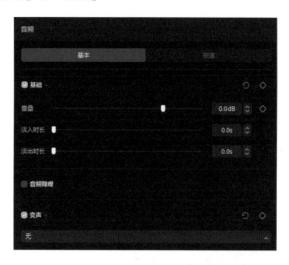

這裡以音量大小作介紹，請將音訊加入至時間線，播放磁頭放在最前端處，同時在「音頻／基本」標籤中調降音量值，使時間線上的聲波降為無，再按下◆鈕加入關鍵幀。

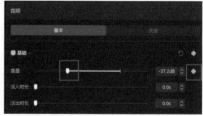

按下空白鍵開始播放聲音，此時以滑鼠拖曳音量的滑鈕，就可以聽到聲音由無漸變大聲囉！

聲音由無漸變大聲

# 標題與文字的處理

影片開場前加入標題文字，可讓觀看者在觀看前就立刻抓住影片主題，通常畫面中會包含標題和副標題文字，副標題多為製作單位或是製作者的名字。影片的結尾文字則是用來謝幕，主要將參與製作的工作人員或協助單位列名於上，或是用來表達製作影片的感想。本章將針對片頭標題的加入／修改、文字效果處理、文字背景的使用等主題做說明，讓你也能靈活運用文字，為影片加分。至於字幕的部分我們留到下一章再做說明。

# 8-1　文字建立與屬性設定

　　首先我們來學習從無到有，在影片中加入文字，學習文字的屬性設定，同時學會自創文字效果的技巧，讓你也可以創造出特別的標題文字效果。

## 8-1-1　新建文字字塊

　　由「文本」標籤中點選「新建文本」，按下「默認文本」中的⊕鈕，就可以在時間線的播放磁頭處加入預設的文字字塊；或使用拖曳方式，按住「默認文本」直接拖曳到時間線上，即可加入預設的文字。

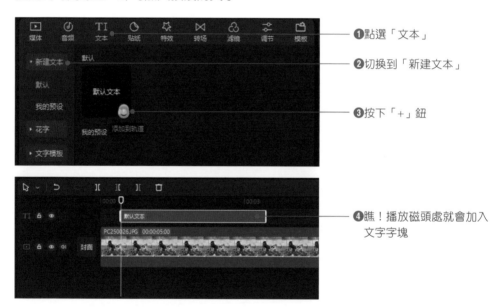

❶點選「文本」

❷切換到「新建文本」

❸按下「+」鈕

❹瞧！播放磁頭處就會加入文字字塊

　　有了文字塊後，你就可以從右側的「文本／基礎」標籤中更改文字內容。請在文字塊點選的狀態下，變更「默認文本」內的文字。

●反白文字後，輸入你的標題文字

●標題文字變更
　完成

●由播放器可調
　整文字放置的
　位置

## 8-1-2　設定文字屬性

　　預設的文字看起來平淡無奇，因此可利用「基礎」標籤來設定文字樣式，像是字體、字號、粗／斜體、顏色、間距、對齊方式、位置、旋轉等屬性，或是套用剪映所提供的預設樣式。

這裡也有提供預設的樣式可以套用

你可以自行調整各項屬性的數值，並可在預覽視窗中看到效果，以字體為例，可從中選擇喜歡的字體樣式做變化，若沒有特殊的字體可使用，也能直接下載裡面的字體喔！

由「字體」下拉可以選用各種字體

電腦中沒有的字體，按此鈕即可下載套用

依照你的需求去嘗試各種屬性的設定，如右圖是設定「魯迅行書」字體、「29」字級，並變更文字顏色為綠色的結果。

## 8-1-3  自創文字效果

　　除了提供基礎的文字屬性設定外，還可以勾選「混合」、「描邊」、「背景」、「發光」、「陰影」等選項，讓文字產生更多變化。

- 混合：設定字體與下層畫面融合的程度，也就是不透明度的設定。
- 描邊：設定文字框的顏色與粗細的變化。

- 背景：可為文字框加入底色、不透明度、圓角、高度、寬度、偏移等設定。

- 發光：設定發光的色彩、樣式、強度與範圍。

- 陰影：設定陰影的顏色、不透明度、模糊度、距離和角度，可以讓標題文字顯得更清楚。

## 8-1-4　保存預設 / 套用我的預設

當你花了很多心思設計好喜歡的文字效果後，可以將它儲存成預設值，以後製作新的影片時，只要有適合的主題，就可以直接套用你所設定文字效果。

### 保存預設

❶設定好你喜歡的文字效果

❷按此鈕保存預設

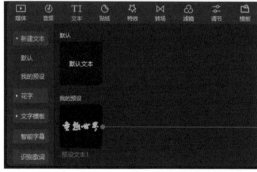

❸瞧！建立我的預設樣式

## 套用我的預設

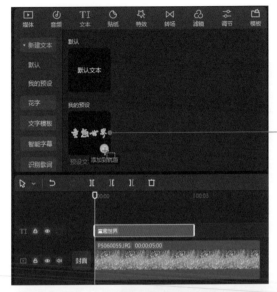

❶按此鈕將剛剛製作的預設文字加入到新影片的時間線中

❷由此更改字體就可以搞定

　　同樣地，你所設定的字幕字體，也可以利用此方式建立成我的預設，以保存字幕的相關屬性，下回設定字幕樣式時就可作為設定的依據。

## 8-2　下載與套用花字

　　但若你沒有太多時間去設計專屬的文字效果，那麼就利用剪映所準備的「花字」來進行套用，或是上網搜尋想要的花字效果，進行下載和套用。

## 8-2-1 套用熱門花字

請切換到「文本/花字」標籤，即可看到各種文字效果，選定好樣式並拖曳到時間線上，就可以套用該文字效果。

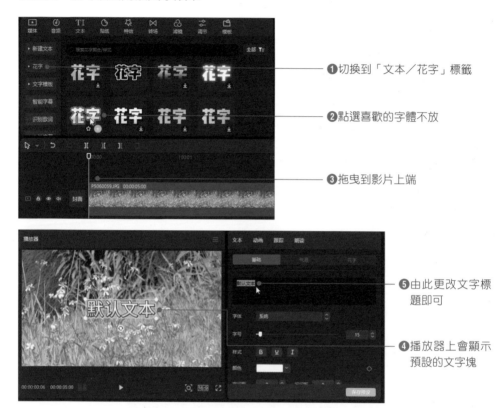

❶切換到「文本/花字」標籤

❷點選喜歡的字體不放

❸拖曳到影片上端

❺由此更改文字標題即可

❹播放器上會顯示預設的文字塊

如果是以「新建文本」的方式建立了預設的標題字，也輸入了所需的標題，那麼你可以直接在右側的「文本/花字」標籤中，選擇想要套用的文字效果！

❷切換到「花字」標籤

❸選擇要套用的花字樣式

❶輸入新的標題文字

④一鍵完成標題字的設定

## 8-2-2 搜尋與下載花字

若「花字」面板中的各種花字都用過了，而想讓標題文字有新花樣，那麼也可以在面板上方的搜尋欄位進行搜尋。根據自己的需求輸入關鍵字搜尋，或利用它所提供的關鍵字，如黃色、發光、透明、紅色、立體等來進行搜尋和下載。

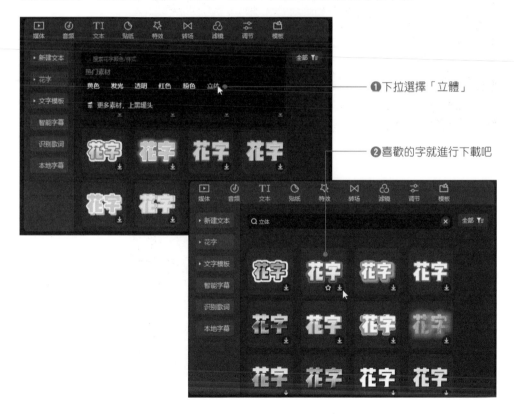

❶下拉選擇「立體」

❷喜歡的字就進行下載吧

# 8-3 套用文字模板

　　剪映軟體除了有現成的「花字」功能可以套用在標題上，快速做出能吸睛的主標題外，還有「文字模板」的功能，它能將文字與各種圖案結合，並做出動態的變化效果，讓你不用再為版面的編排傷腦筋，直接下載套用就可以搞定，為影片編輯省下許多時間。

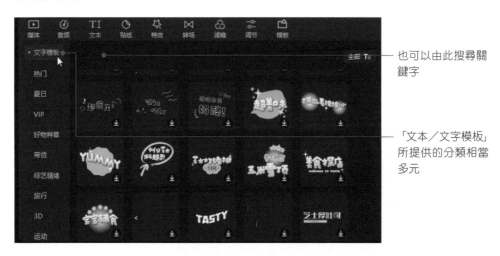

也可以由此搜尋關鍵字

「文本／文字模板」所提供的分類相當多元

　　下載之後拖曳到時間線上，再利用右側的「文本／標籤」面板，即可調整縮放比例和位置囉！

調比例

調位置

　　如果要更換文字內容，則在播放器的文字上按滑鼠兩下，就會顯示文字輸入框讓你輸入新的文字。

# 8-4 設定文字動畫－入場／出場／循環

影片中所設定的標題文字，皆可透過「動畫」標籤來為文字加入「入場」、「出場」、「循環」的動態效果。

## 8-4-1 入場 / 出場 / 循環使用時機

點選文字後，右側面板切換到「動畫」標籤，就會看到「入場」、「出場」、「循環」三個標籤頁。

● **入場**：文字進入畫面時所顯示的動態效果。

● **出場**：文字離開畫面時所顯示的動態效果。

● **循環**：文字在指定的位置上，重複做相同的變化效果。

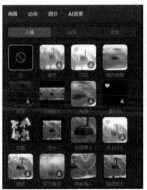

按此鈕可取消已加入的動畫效果

同一組文字，可以同時設定「入場」和「出場」的效果喔！若有加入動畫效果，則在文字塊的下方會看到白色的線條，如下圖所示：

已加入「入場」動畫

已加入「出場」動畫

加入「循環」動畫會顯示整條白線

## 8-4-2 套用動畫效果

　　想要套用入場、出場或循環的文字動態效果，只要選取時間線上的文字塊，再點選喜歡的動態縮圖就可搞定。

❶選取要加入動畫的文字塊

❷點選要套用的效果

❸一鍵完成套用囉！

## 8-5 文字朗讀

對於所製作的影片，有時我們不希望使用自己的聲音來呈現，那麼可以考慮使用「朗讀」功能來幫你唸出文稿。切換到「朗讀」標籤，裡面有小姐姐、東北老鐵、娛樂扒配、新聞女聲、萌娃、廣告男聲 ... 等各種聲音讓你挑選。

如下圖所示為筆者錄製 App Inventor 簡報教學的一段影片。當筆者不想用自己的聲音唸出時，就可以選用「朗讀」標籤所提供的人聲來重現教學影片。

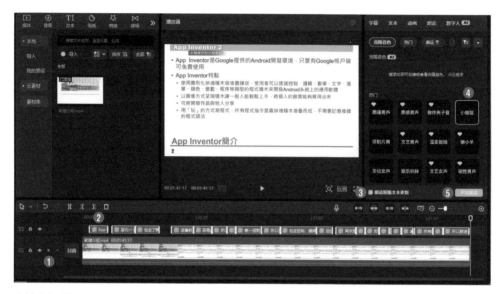

❶按此鈕關閉原影片中的聲音

❷全選已加入的字幕

❸勾選「朗讀跟隨文本更新」

❹點選要使用的聲音

❺按此鈕開始朗讀

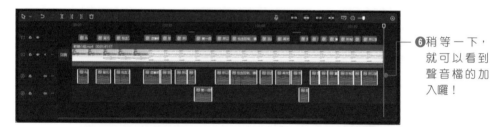

❻稍 等 一 下，
就可以看到
聲音檔的加
入囉！

# 8-6 製作吸睛封面圖

　　在時間線的最前端，你可以看到 封面 鈕，它可以製作影片的封面圖，也就是在尚未觀看影片前所顯示的縮圖。如果影片封面的標題設計吸睛搶眼，文字有趣，就會引起讀者按下影片觀看，所以影片封面的製作還蠻重要的。

關於封面的設計，你可以直接從影片中擷取某一精采畫面來加入標題文字，剪映中也有提供許多的模板讓你套用和修改文字。當然也可將自己設計的封面圖匯入作為封面。

# 8-6-1　封面圖設計要領

雖說在剪映中製作封面很簡單，但封面上的元素還是很重要的。根據報導指出，若你的頻道還沒有很多人訂閱時，則影片播放量有 70% 會取決於封面和標題。所以說製作好影片的封面，相當於成功了一半。那麼想要有效的製作封面，必須把握以下幾項要領：

## 🎬 封面文案

封面文字最好不要超過 15 個字，因為字太多會讓觀看者抓不到重點。你可以先為影片設定可能的觀眾群，例如你的影片是跟「知識」、「遊戲」、「健康」、「旅遊」... 等內容有關，那麼把該關鍵詞顯示在封面上，應能吸引此類觀眾群注意，並盡可能地簡單、直白標示出重點，才能在 3 秒內讓人注意影片並加以點閱。

## 🎬 重點人物／元素

重點人物或元素指的是影片主題，如果是介紹美食，那麼影片中的食物便是重點；如果是介紹遊戲，那就使用遊戲畫面來作為主題，依此類推。所以把重點人物或元素強調出來，就能讓觀看者一眼就看到所要表達的重點。而若你是一位知識的傳播者，那也可以把自己當作主角，讓大家認識你。

## 適當的背景

　　這裡的適當背景不只是與你主題相關的場景，也可以是你要傳達的文字。透過肢體動作或人物觀看的方向來引導觀眾觀看的標題，如左下圖以手勢來指引標題文字，右下圖則是眼睛觀看的方向，而中間則是直接以手勢帶出主題有三大重點。

## 8-6-2　使用影片畫格製作封面

　　首先我們選用影片中的某一畫格來製作封面，再透過模板來加入封面標題文字。

❶將播放磁頭放在要製作封面的畫格上

❷按下「封面」鈕

切換到「本地」可加入自製封面

❸按下「去編輯」鈕

❹選取並下載欲套用
的模板

❺依序點選文字塊，
替換成自己的文字
標題

❻按此鈕完成設置

❼瞧！完成封面的設置

　　而導出影片時，你會在資料夾中看到輸出的影片檔以及封面圖，如下圖所示。屆時當你將影片上傳到 YouTube 網站時，在「縮圖」處將此封面圖上傳即可搞定。

多益高分攻略　　　　　　　多益高分攻略-封面

## 8-6-3 再次編修／刪除封面

對於剛剛編輯的封面若不甚滿意，則可按下「封面」的按鈕，重新進入「封面設計」的視窗進行編修。另外，視窗的右上方還有許多功能鈕，可以變更文字的效果喔！

❶按此鈕再次編輯封面

由此列可設定字體、文字顏色，或是加入陰影、邊框、背景、氣泡等效果

❸按下「氣泡」鈕，下拉選擇想要套用的氣泡樣式

❷選取文字

不喜歡可按此鈕撤銷

❹拖曳四角的控制點，縮放文字的比例

❺按此鈕完成設置

已加入的封面如果想要去除，可在封面縮圖的右上角按點一下鈕，再按「確定」鈕刪除即可。如下圖所示：

## 8-6-4　加入自製封面圖

如果有特別為影片設計封面，也可以加入正在製作的檔案中。

❶按下「封面」鈕編輯封面

❸將自製的封面拖曳至此方框中

❷切換到「本地」鈕

━━ 4 顯示已加入的圖片

━━ 5 按「去編輯」鈕後，再按下「完
　　成設置」鈕完成封面設定

## 8-7 進階文字應用－融合人物與文字

▲ 原影片畫面

▲ 完成的影片其文字在人物之後

　　在學會本章的文字使用技巧後，這一節我們將運用「新建複合片段」、「智能摳像」、「層級」等功能，讓你體驗一下如何讓標題文字顯示在影片的人物與背景之間。

### 8-7-1 加入影片與文字

　　先匯入影片檔，待影片加入時間線後，再按「新建文本」，設定所要的標題文字。

❶導入影片檔

❹輸入文字後，設定文字效果

❸新增「默認文本」，調整與影片同長度

❷影片插入至時間線

## 8-7-2 新建／解除複合片段

「新建複合片段」功能主要是把多個影片片段組合在一起。由於文字層通常會顯示在影片的最上層，為了方便我們在文字層上方加入其他影片片段，可利用此功能來使文字不具有文字的特性。

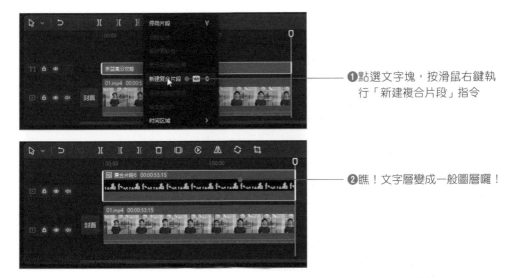

❶點選文字塊，按滑鼠右鍵執行「新建複合片段」指令

❷瞧！文字層變成一般圖層囉！

複合的片段類似於「群組」的概念，如果想要解除它，使它回復成原有的文字來進行編修，只要按滑鼠右鍵執行「解除複合片段」指令即可。

❶於圖層上按滑鼠右鍵，執行「解除複合片段」指令

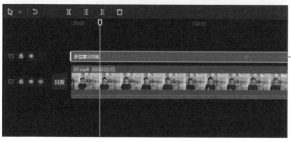

❷恢復成文字層了，可編修文字的屬性

### 8-7-3　人物智能摳像

　　文字層轉為複合片段後，接下來就是「複製」和「貼上」影片，使文字顯示於上下兩個影片之間，同時為上層的影片進行摳像，使剔除上層影片中的背景變透明。

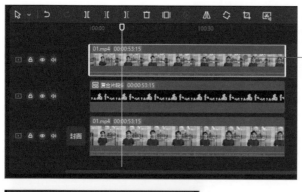

❶複製與貼上影片，使影片顯示在最上層

❷由「畫面／摳像」標籤中勾選「智能摳像」的選項

稍等一下,完成摳像處理後,關閉底下兩層的軌道,就會看到最上層的影片已經完全去背景了。如下所示:

❶關閉軌道

❷瞧!背景不見了

由於越來越多人使用剪映軟體來編輯影片,目前「智能摳像」的功能可以使用,但是若要導出影片就得是會員才可以。

## 8-7-4 設定軌道層級

最上層的影片進行去背後,如果你發現標題文字仍然在人物的上方,則可利用「畫面/基礎」標籤來控制標題文字的層級。

❷切換到「畫面/基礎」標籤

❸點選「1」層級

❶點選此複合片段

❹文字顯示在
背景和人物
之間囉！

❺為文字加入
「動畫／入
場」的效果

❻再調整動畫
時間長度

　　有關文字相關的應用技巧就介紹到這裡，相信大家都可以舉一反三，把文字靈活
應用在你的影片剪輯當中。

# 輕鬆為影片上字幕

為影片上字幕是許多剪輯師公認的苦差事，因為你要先將影片中的旁白文字聽打下來，接著校對文字內容，再一一根據旁白的時間點來置入文字塊，作業程序十分繁複，往往十分鐘的影片內容，就要耗費好幾個小時的作業時間。然而影片中放入字幕的好處是，方便不同語言的人或聽障人士能了解影片內容，再者是在這網路世代下，有字幕的影片，觀看人次也會比較多。因此若想為你的影片加分，那麼上字幕的工作就不要忽略，學會本章內容，你也可以輕鬆為影片上字幕。

# 9-1 事前準備工作

　　雖說剪映軟體上字幕的功能很方便，不過在上字幕之前，筆者有兩個建議可以讓你編修字幕時更順暢喔！

## 9-1-1　安裝字型將簡體轉繁體

　　由於剪映是中國廠商所開發的軟體，其所生成的字幕自然是簡體中文，因此若想在剪映軟體中輸入繁體中文，則建議到網路上搜尋「文泉驛微米黑 - 簡轉繁 .ttf」字體。

　　下載字型後，請在剪映圖示 🅱 上按滑鼠右鍵，點選「開啟檔案位置」選項，進入資料夾之後，依序點擊「APP 版本號，如 4.2.1 ／ Resources ／ Font ／ SystemFont」。其中的 zh-hans 就是剪映的預設系統字體（簡體字）。

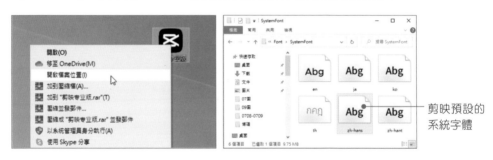

剪映預設的
系統字體

　　請將原有的「zh-hans」檔名複製後，刪掉該檔案，再將「文泉驛微米黑 - 簡轉繁 .ttf」字體放入此資料夾，並將檔案更名為「zh-hans」，然後重新啟動剪映軟體即可。

## 9-1-2　修剪不要的影片片段

　　在要上字幕前就需將影片導入至時間線上，且建議先將影片中不想保留的地方裁剪掉，例如聲音停頓、不適當的發言、過多的語助詞…等，先行處理過一遍會比上了字幕再行修剪更快速便捷些。

你可以使用人工方式將不要的地方裁切掉，或是利用 5-3-2 節介紹的「智能剪口播」功能，快速消除視訊的無聲片段。

❷按此鈕執行「智能剪口播」

❶由時間線上選取影片素材

❹這裡可以看到語音旁白，點選灰色文字，會出現上方的工具列，如果想剪掉，可由工具列點選「刪除」鈕

❸按此鈕預覽影片

完成這項工作後，就可以準備開始識別字幕囉！

# 9-2　自動生成字幕

要自動生成字幕需要幾個轉換的動作，這裡我們會一一說明。

## 9-2-1　識別字幕

剪映軟體中有一項「智能字幕」的功能，它可以「識別字幕」也可以做「文稿匹配」。所謂的「識別字幕」是可以辨別出視訊或音訊中的人聲，並將它轉換成字幕，而「文稿匹配」則是將所輸入的文字稿自動對應至視訊或音訊的人聲，並顯示成字幕。

只要點選「文本／智能字幕」，就會看到「識別字幕」和「文稿匹配」兩個區塊。由於越來越多人使用剪映軟體來編輯影片和字幕，所以目前「識別字幕」的功能已設為 SVIP 會員才能使用。

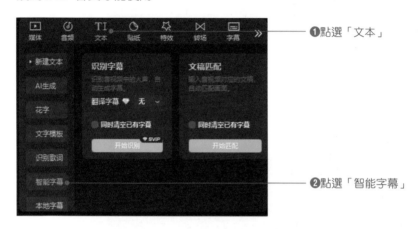

❶點選「文本」

❷點選「智能字幕」

會員只要在「識別字幕」的面板上勾選「同時清空已有字幕」，並按下「開始識別」鈕，即可開始識別字幕，字幕識別完成後，會在時間線上看到整列的簡體文字，而右側面板的「文本／基礎」標籤會自動顯示文字相關的屬性，也可以變更字體的效果。

自動顯示「文本」標籤，可看到文字相關的屬性

播放器中若看不清楚字幕，可由此處變更字體效果

由於剪映的「識別字幕」已不再提供免費使用，如果需要將語音轉成文字，則需到網站上找尋其他語音轉文字的軟體。例如：利用 cSubtitle 可以直接上傳音訊檔或影片檔，並自動把語音轉換成文字。不過免費版有 3 分鐘的限制，超過就還是要付費。其網址為：https://www.csubtitle.com/。

　　或是可使用筆者推薦的 WhisperDesktop 免費軟體，不需要程式碼就可以離線轉譯語音，轉錄中文正確率高達 85% 以上。如果你經常要為影片上字幕，又不想花錢的話，可參考此軟體。

## 9-2-2　導出 TXT 字幕

　　由於「識別字幕」所生成的字幕是簡體中文，因此可先將文字檔匯出，利用 Word 軟體轉換成繁體中文，再將繁體文字貼入 TXT 文件中。

　　首先請按下「導出」鈕，勾選「字幕導出」的選項，格式則選擇「TXT」，如下圖所示：

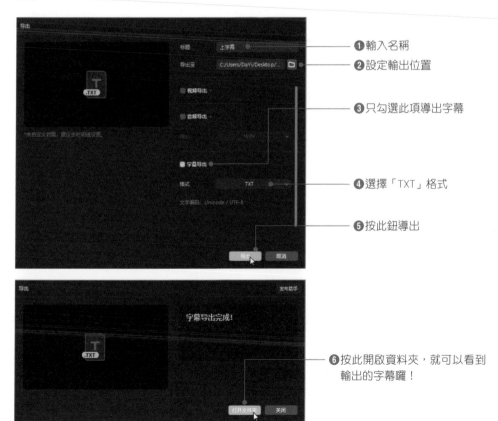

❶輸入名稱

❷設定輸出位置

❸只勾選此項導出字幕

❹選擇「TXT」格式

❺按此鈕導出

❻按此開啟資料夾，就可以看到輸出的字幕囉！

## 9-2-3 以 Word 將簡體字轉成繁體字

接著開啟剛剛輸出的文字檔，進行簡體轉繁體的工作。

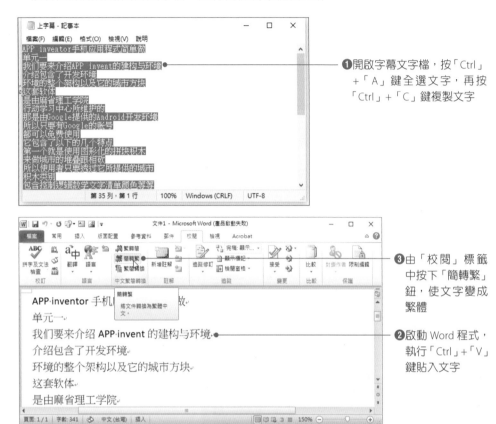

❶開啟字幕文字檔，按「Ctrl」+「A」鍵全選文字，再按「Ctrl」+「C」鍵複製文字

❸由「校閱」標籤中按下「簡轉繁」鈕，使文字變成繁體

❷啟動 Word 程式，執行「Ctrl」+「V」鍵貼入文字

文字轉成繁體字後，請按「Ctrl」+「C」鍵複製後，回到記事本按「Ctrl」+「V」鍵貼上，便得到繁體中文的字幕了，再按「Ctrl」+「S」鍵儲存 TXT 檔。

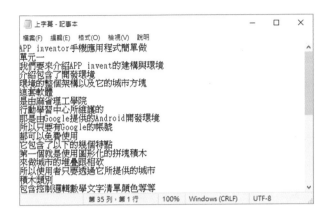

## 9-2-4　校對文稿內容

雖然已經得到繁體中文的文字稿，但是演說者的口齒清晰度也會影響 AI 判讀的結果，特別是有些人的中文演說中還會穿插著英文或方言，加上專有名詞也是 AI 較無法判別的地方，因此文稿內容仍要經過校正的動作，謹慎地修改文檔中的錯別字，才能確保影片的品質。

你可以將文字稿和播放器並列，如下圖所示。在播放器上按「空白鍵」開始播放影片，即可馬上校正文稿，若遇到需要修改的地方，按「空白鍵」停止播放並進行 TXT 檔的修改。如果需要往回聽，只要移動剪映時間線上的播放磁頭位置即可。

剪映軟體中按「快速鍵」鈕，選擇「播放器優先」的選項，可以隨意地調整播放器的位置與大小，使之與文稿並列

記事本的文字若太小，可按「Ctrl」+「+」鍵放大字體

進行校對時也要注意斷句的位置，如果 AI 斷句不甚理想，也可在此時進行調整。一般來說，一行文字最多不超過 16 個字，因為太長不利於閱讀，如果設定的字體較大而文句又長，也有可能讓字幕變成兩行。

## 9-2-5 開始文稿匹配

　　有了對應的繁體文稿，也完成校稿和斷句的檢查，接著就是利用「文稿匹配」功能，自動將文稿與語音進行匹配。

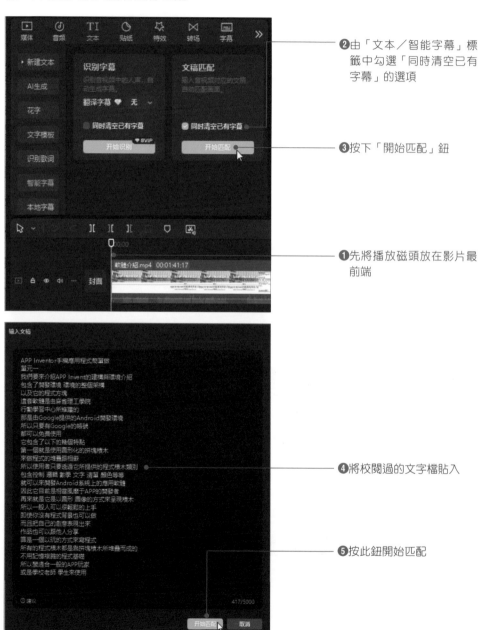

❷由「文本／智能字幕」標籤中勾選「同時清空已有字幕」的選項

❸按下「開始匹配」鈕

❶先將播放磁頭放在影片最前端

❹將校閱過的文字檔貼入

❺按此鈕開始匹配

❼由「文本／基礎」標籤設定喜歡的字體樣式、大小、位置、顏色…等屬性

❻文稿匹配完成

使用「文稿匹配」功能時，單次可匹配的文字上限為 5000 字，建議一句一換行，無標點符號。如果有句號、驚嘆號或問號時，它會自動分句，但逗號則不會自動分句，因此要注意不要置入無標點或無換行的文字。

另外，如果影片很長，匯入文字超過 5000 字，那麼可預先將影片切割成兩段來處理，最後再將兩段影片串接起來即可。

## 9-2-6　變更字幕屬性

文稿匹配完成後，可以利用「文本／基礎」標籤來為字幕設定文字的效果，常用的屬性包括：

- **字號**：變更字體大小。

- **顏色**：設定文字顏色，也可由「預設樣式」中選擇剪映所設定的字體效果。

- **位置**：提供 X 軸與 Y 軸座標，可設定文字高度，避免字幕壓到影片中的其他文字。

- **描邊**：由於影片內容有暗有亮，可能導致文字看不清楚，選擇加入邊框的文字，可在任何情況下都看清字幕。

- **背景**：可在字幕下方加入特定的色彩，使文字凸顯出來。

- **發光**：可為字幕加入輪廓光或外射光的效果。

- **陰影**：加入陰影可使文字凸顯出來。

## 9-2-7 使用面板編修字幕

前面我們已經學會將 TXT 檔與播放器並列的校對文稿方式，萬一文稿匯入至剪映軟體後，才發現還有錯別字需要修改，則可直接在「字幕」標籤中進行修正。

播放影片時，「字幕」標籤會顯示所有的字幕內容，目前播放的位置會以藍色字呈現

發現文字有錯時，只要按點該列文字，即可進行修改或輸入繁體中文字。多餘的文字塊也可以按 🔟 鈕進行刪除。而相關的文字合併或分割技巧，亦可按下「操作」後方的 🔘 來查看。

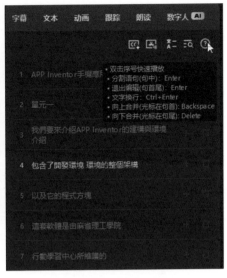

▲ 點選文字塊可修改文字 　　　　　▲ 字幕修改技巧可查看「操作」

## 分割字幕塊

在想要分割的地方放入文字輸入點，按下「Enter」鍵即可分割成兩個字幕塊。

## 合併字幕塊

文字輸入點放在字幕塊的最前方，按下「Delete」鍵即可與上一個字幕塊合併。

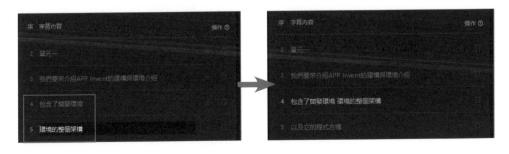

## 9-2-8　導出 SRT 字幕

完成字幕的設定後，利用「導出」功能，就可以連同字幕輸出成影片檔，然後上傳至 YouTube 等社群網站上，增加影片的點閱率。另外，也可利用「導出」功能將字幕導出成 SRT 格式。SRT 格式的檔案可以使用記事本來開啟，此種字幕檔是由三列文字所組成的，如下圖所示，透過這三列文字，任何影片剪輯軟體就能夠知道何時讓字幕塊出現或隱藏。

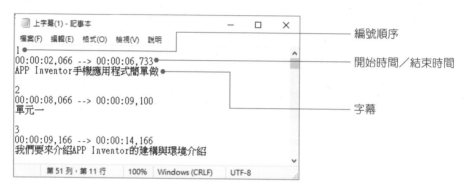

編號順序

開始時間／結束時間

字幕

導出的 SRT 字幕，可以放置到 YouTube 網站上做成 CC 字幕（Closed Caption），有 CC 字幕的影片可以讓非台灣區的瀏覽者在觀看你的影片時，透過影片右下角「選項」⚙ 鈕，自動翻譯成各國的語言，增加影片被欣賞的機會。

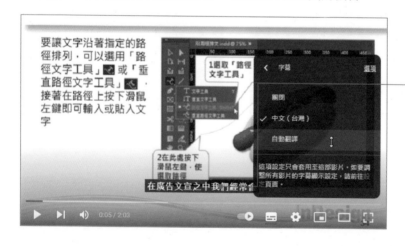

加入 CC 字幕，黑框中的文字會因為選定的語言而自動變更

## 9-2-9 由本地字幕導入 SRT

　　如果是使用其他的程式來製作字幕，且想將文字匯入到剪映中做整合，那麼可以使用「文本／本地字幕」的功能來導入 SRT。請先清空字幕軌，並將播放磁頭放在影片的最前端，即可依照以下的步驟來加入 SRT 字幕。

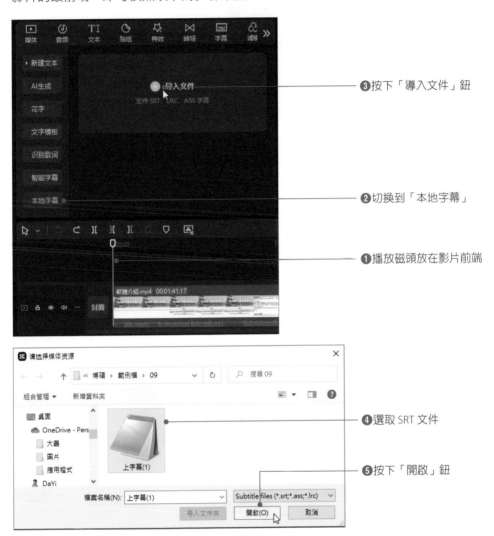

❸按下「導入文件」鈕

❷切換到「本地字幕」

❶播放磁頭放在影片前端

❹選取 SRT 文件

❺按下「開啟」鈕

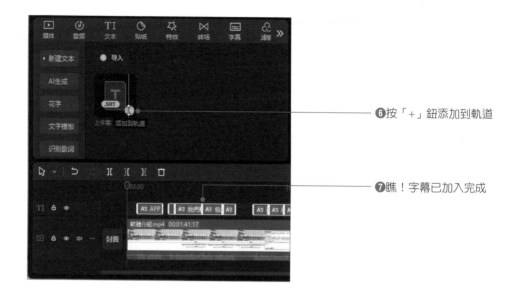

❻按「＋」鈕添加到軌道

❼瞧！字幕已加入完成

## 9-3 製作 MV 歌詞

在製作音樂影片時，經常都需要為歌曲上字幕，特別是伴唱帶之類的影片，想要讓歌詞也有動態效果，那麼這小節的內容可別忽略喔！

### 9-3-1 識別歌詞

在剪映軟體中有一項「識別歌詞」的功能，它可以識別音軌中的人聲，並自動在時間線上生成字幕文字，目前此功能只支援簡體中文，且已改為 SVIP 會員才可以使用。

這裡我們以一首兒歌來做示範，利用 cSubtitle 網站，將歌謠輸出成 SRT 字幕檔，再匯入至剪映軟體中加入動態的字幕效果。

❶輸入 cSubtitle 的網址:https://www.csubtitle.com/

❷按此鈕將影音轉換為文字

❸選擇「國語」及「免費版」

❹按此鈕上傳影片檔

❺顯示語音辨識轉文字的進度

❻任務完成，選擇 TXT 或 SRT 下載皆可

如果你輸出為 SRT 格式，就由「文本／本地字幕」來匯入字幕檔，如果輸出為 TXT 格式，就使用「文本／智能字幕」的「文稿匹配」功能來進行文字匹配，這樣在時間線上就可以顯示繁體中文。此外，你可以利用「文本／基礎」標籤來進行字體大小與樣式的設定。

## 9-3-2 加入動態字幕

對於 MV 歌詞，我們可以利用右側面板的「動畫」標籤來加入動態文字，你可以設定歌詞「入場」、「出場」，或是「循環」的效果。這裡我們選擇「入場」標籤中的「甩出」效果做示範，讓文字有被甩出來的效果。其餘的效果請自行多加嘗試喔！

❶點選字幕塊

❷點選「動畫／入場」中的文字效果

❸由此調整動畫的時間長度

❹ 瞧！播放影片時，就可以看到
歌詞的動態變化囉！

　　確定喜歡此效果即可全選所有的字幕塊，再點選想要套用的動畫效果，就可以快
速完成字幕的動態效果了。

# MEMO

# 轉場與特效
# 輕鬆搞定不求人

對於初學影片剪輯的人來說,「轉場」與「特效」的使用最能快速帶給他們成就感,因為它能讓影片快速串接起來,並且展現各種藝術效果和動態變化。對於觀看影片的人來說,也能享受到豐富且多彩多姿的視覺饗宴,本章將來探討轉場與特效的使用技巧。

# 10-1　加入夢幻的轉場效果

轉場特效是豐富影片最快速的方式，它主要放置在兩段影片的交接處，因此時間軸中必須要有影片或圖片，才能讓使用者加入轉場特效。剪映提供的轉場效果相當多，依類別區分為熱門、疊化、運鏡、模糊、扭曲…等，共有十四種類型，你可以從「轉場」標籤中的縮圖一一去查找，或是先選擇類別，再從中查看。

❶點選「轉場」標籤

❷可從類別去找尋同類型的轉場效果

❸喜歡的就按此鈕下載

鑽石圖示是要加入會員才能導出影片

## 10-1-1　下載與套用轉場效果

在剪映軟體中，轉場的變化基本上從縮圖就可以概略看出效果，所以看到喜歡的縮圖效果，只要按下右下角的❹鈕，就可以下載下來。效果下載後，將播放磁頭放在兩個影片片段之間，由縮圖右下角按下➕鈕，就可加入轉場。或者點選縮圖效果不放，直接拖曳到兩段影片的交接處，也一樣可以加入轉場效果喔！

❷按此鈕加入轉場效果

❶播放磁頭放在兩段影片片段的
交接處

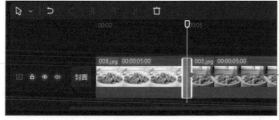

❸加入轉場效果囉

## 10-1-2　設定轉場時長

　　加入的轉場效果，其預設的時長是 0.5 秒，若要設定轉場的時間長度，有兩種方式，第一種是使用拖曳的方式來拉長轉場區塊的寬度。

拖曳轉場區塊的右邊界，使之
變寬

這是預設的時長

第二種方式是從右側的「轉場」面板來調整時長的數值。

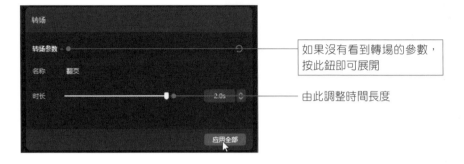

如果沒有看到轉場的參數，按此鈕即可展開

由此調整時間長度

## 10-1-3　轉場效果套用至全影片

如果特別喜歡某一種轉場變化，想將整個影片的轉場都套用一致，那只要按下面板上的 應用全部 鈕，則整個影片的串接處都會自動加入相同的轉場效果。

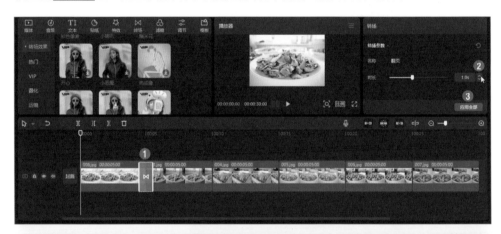

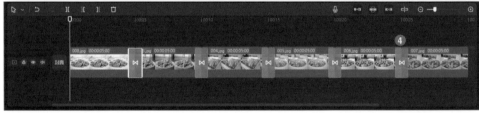

❶加入喜歡的轉場效果

❷設定時長

❸按下「應用全部」鈕

❹所有影片片段的銜接處都套用相同的轉場

## 10-1-4 刪除轉場

已加入的轉場效果若要刪除，只要點選後按下鍵盤上的「Delete」鍵，或是時間線上的■鈕就可去除。

❷按此鈕刪除

❶選取轉場特效

# 10-2 增加魅力無窮的影片特效

除了剛剛介紹的轉場效果外，還有一些神奇的「特效」可加諸在素材片段上，讓編輯的影片增加更多的變化。剪映的「特效」包含「畫面特效」和「人物特效」兩大類，現在就來看一下它的使用技巧。

## 10-2-1 加入畫面特效

由「特效」標籤切換到「畫面特效」，可看到鏡頭變焦、光譜掃描、放大鏡、彩色火焰、落葉…等各式各樣的特效，你也可以從左側的類別先尋找類型，再從縮圖中選擇想要套用的特效。

❶點選「特效」標籤

❷展開「畫面特效」，可看到所包含的各種分類

加入特效的方式有如下兩種：

## 特效套用至整段影片片段中

直接拖曳縮圖到影片片段上，它會在影片片段的左上角顯示所加入的特效名稱。

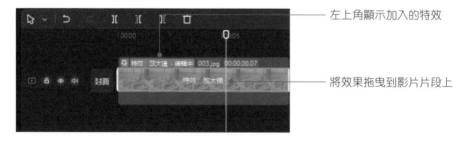

左上角顯示加入的特效

將效果拖曳到影片片段上

以此方式加入特效後，若要編輯特效的參數，需按下左上角的「特效 - 編輯」，才可選取特效以進行參數設定。

按此處編輯特效參數

## 特效加入至特效軌

由特效縮圖右下角按下 ➕ 鈕可將特效加入至特效軌,或是拖曳特效縮圖至影片片段上方,即會自動顯示在特效軌中。

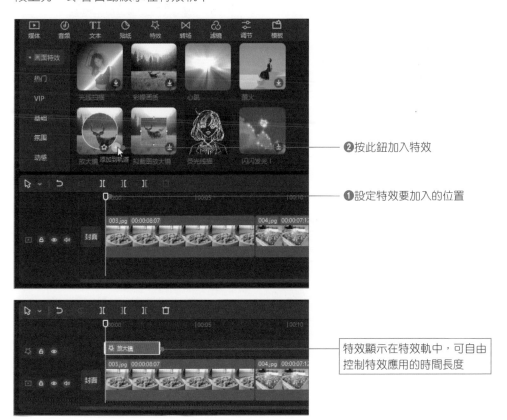

❷按此鈕加入特效

❶設定特效要加入的位置

特效顯示在特效軌中,可自由控制特效應用的時間長度

如果選定的特效想同時運用在多個影片片段中,或是只要佔據在某一影片片段的一小段處,就可以選用「特效軌」來控制。

## 10-2-2　設定特效參數

　　加入特效後，不管是點選左上角的「特效－編輯」，或是特效軌的特效，都可從右側的「特效」面板來控制特效的參數。參數內容的多寡會因特效而有不同，設定的項目也不一樣。如下圖是「放大鏡」特效所顯示的設定內容與呈現效果，你可以控制放大鏡的左右或上下位置、大小、遠近、以及鏡框的顏色。

## 10-2-3　套用與編輯多種特效

　　你可以在影片片段中同時加入多個特效。加入後如果要編修某一特效，可利用以下方式進行選取。

特效若是在特效軌中，直接點選就可編輯

❶點選「特效－編輯」鈕

❷從顯示的清單中選取要編輯的特效

## 10-2-4　加入人物特效

　　剪映的特效除了運用在一般的畫面上，也有針對人物的特效，像是氣炸了、大頭、尷尬住了、委屈醜醜臉、臉紅、愛心發射、魅力四射、流口水…等表情動作，以前

大多是透過貼圖或文字來呈現，但剪映卻有許多的人物特效可直接套用到你影片中的人物。

請由「特效」標籤選擇「人物特效」，再從各分類中，尋找有興趣的特效。

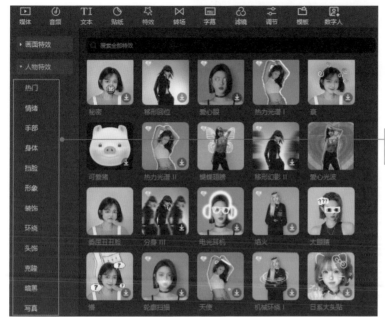

「人物特效」裡所包含的各種類別

「人物特效」的使用技巧和「畫面特效」相同，你可以將特效套用到整個影片片段上，只要點選影片素材後，將選取的效果拖曳到影片片段中，就可以搞定。如下圖就是套用「熱門」類別中的「分身」特效。

❸顯示套用特效的結果

❶點選「分身」特效

❷拖曳到影片片段中

另外，也可以加入至特效軌中，方便控制特效應用的範圍。如下圖所示：

特效加入至特效軌

加入特效後，也是由「特效」面板來控制特效的參數，讓特效符合想要呈現的效果。

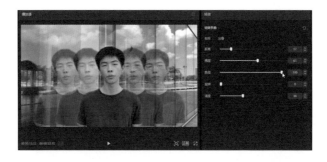

## 10-2-5　人物特效的應用

剪映提供的人物特效真的很多且很方便使用，以下提供幾個效果供參考：

▲ 氣炸了

▲ 真香

▲ 虛擬人生

▲ 愛心光波

▲ 潮酷男孩

▲ 帥氣男生

▲ 愛心泡泡

▲ 大眼睛

# MEMO

# 覆疊聲音

製作影片時，如果沒有音樂或音效的陪襯，再好的影片也會很單調，善用背景音樂或音效能引領觀看者一步步進入影片的情境中。在音訊處理方面，剪映除了讓使用者可以輕鬆取得與插入音檔外，在編輯方面允許使用者透過聲波的控制，讓背景音樂有淡入淡出的效果，也可以自行透過麥克風來錄製旁白。有效的控制影片、旁白、配樂的音量，才能讓三種聲音和諧地呈現在觀眾的面前。

# 11-1 錄製語音旁白

　　影片中如果要加入真人解說的旁白，錄音員最好先看過旁白內容，同時預先練習過，這樣在錄製時會比較順暢。其次地點的選擇也很重要，盡量在安靜的環境中進行錄製，才會有好的錄音品質。而錄製前記得將麥克風連接上電腦，並調整音量的大小聲，再開始進行聲音的錄製。

## 11-1-1 開始錄音

　　請由時間線右上方按下「錄音」🎤鈕，進入錄音的介面。

❶按此鈕

❷顯示錄音介面

　　在介面上有兩個選項建議都勾選起來，勾選「回聲消除」可避免揚聲器產生回聲的問題，而「草稿靜音」會將時間片段的所有聲音關閉，避免該聲音也被錄製下來。

調整輸入音量的大小後，當你講話時可以看到綠色、黃色、紅色的波動，如果看到有紅色出現，那麼聲音可能出現破音的情況。調整好之後，按下紅色的圓鈕，即會在播放器上看到 3、2、1 的數值，倒數完畢即可對著麥克風開始説話！

❶按此鈕開始錄音

❷畫面出現倒數數字，待數字 1 出現之後，即可對著麥克風講話

❸錄音完成，按此鈕結束錄音

離開錄音面板後，就會在時間線上看到剛剛錄製完成的音檔囉！如下圖所示：

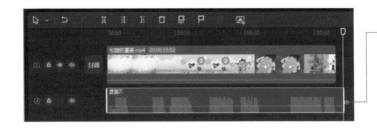

————— 顯示在音軌的聲音

## 11-1-2　調整音量大小

好不容易錄製完成的旁白，卻發現聲音太小或太大，此時可透過右側的「音頻／基礎」標籤來調整音量大小。滑鈕往右移則聲音加大，往左移則聲音變小，調動滑鈕時，時間線上的聲音波長也會跟著變動。

————— 聲音大小的控制

## 11-1-3　變聲處理

有時我們不希望以原聲顯示，特別是社會案件的檢舉者或被害者不想讓別人猜出他是誰，那麼利用剪映的「聲音效果」功能，就可以快速變更語音的效果。

❶選取聲音檔

❷切換到「聲音效果／音色」標籤

❸選擇要套用的音色

# 11-2 加入與編修音訊素材

　　影片中要插入動人又好聽的背景音樂，除了可上網搜尋外，也可以將電腦中現有的聲音檔，利用「媒體／本地／導入」直接導入音訊檔。另外，剪映還提供一個不錯的功能，亦即可將視訊檔中的聲音直接提取出來使用。本節將針對搜尋音樂素材和音訊提取作介紹，而利用「媒體／本地／導入」的功能已在前面章節介紹過，就不再贅述。

　　另外，加入的聲音有可能需要做音檔的編修，例如長度不夠的音樂要進行串接；過長的音樂需要修剪；而結尾處也不能突然結束，必須加入淡出效果才能有結尾的感覺，這些缺失都得自己做處理囉！

## 11-2-1 搜尋與下載音樂素材

影片中要加入動人又好聽的背景音樂，透過「音頻」標籤的「音樂素材」類別，即可搜尋和下載喜歡的音樂，不管是歌曲名稱或是歌手的名字，都可以在此進行搜尋。

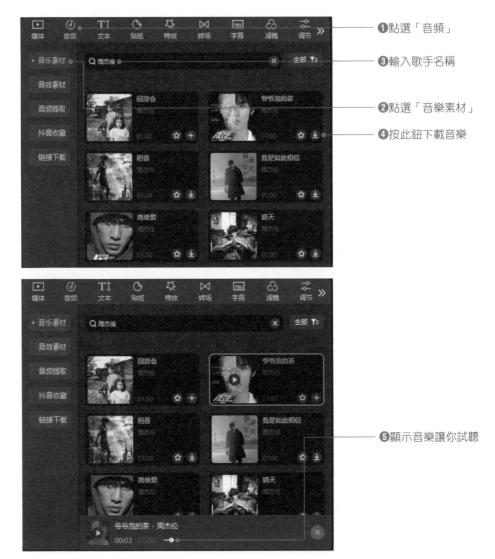

❶點選「音頻」

❸輸入歌手名稱

❷點選「音樂素材」

❹按此鈕下載音樂

❺顯示音樂讓你試聽

「音樂素材」裡做了二十種的分類，可直接依照類別來找尋喜歡的背景音樂。

PART II

剪映熟手篇，使用剪映開始創作

此處提供二十種的分類

## 11-2-2 搜尋與下載音效素材

音效主要是短而強烈的聲音效果，用來加強情境的感受。例如描述到動物，可加入該動物的叫聲，或是拍掌、歡呼、打字…等聲音，適時地加入到影片中，會有身歷其境的感受。剪映的「音效素材」放置在「音頻」標籤下，一樣有各種分類，像是熱門、笑聲、人聲、動物、樂器、科幻…等，方便快速搜尋，也可以直接輸入關鍵字於搜尋欄中進行搜尋。

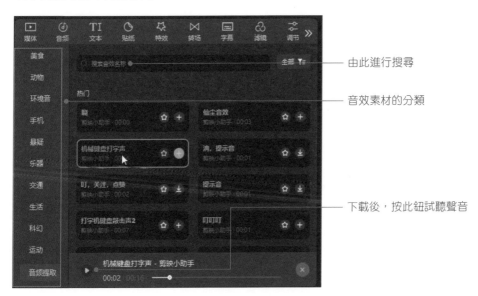

由此進行搜尋

音效素材的分類

下載後，按此鈕試聽聲音

## 11-2-3 音訊提取

　　若有喜歡的音樂，而該音樂是屬於視訊檔的格式，那麼你可以直接利用「音頻／音頻提取」功能，直接從視訊檔中將聲音提取出來，就不需從影片剪輯軟體導出音訊後才可使用該音樂。提取步驟如下：

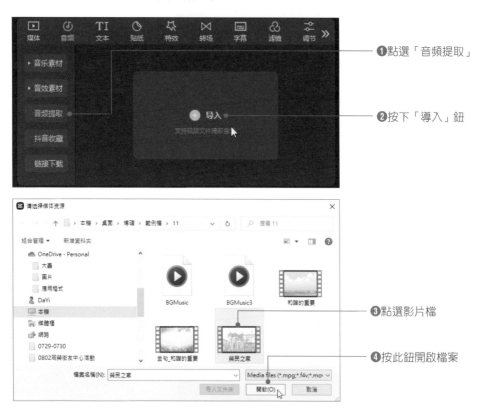

❶點選「音頻提取」

❷按下「導入」鈕

❸點選影片檔

❹按此鈕開啟檔案

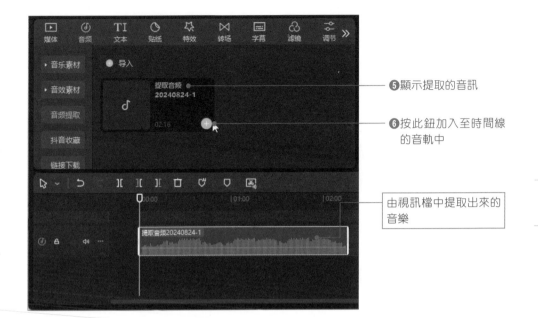

❺顯示提取的音訊

❻按此鈕加入至時間線
的音軌中

由視訊檔中提取出來的
音樂

　　在 YouTube 網站上有很多好聽的音樂，而這些音樂可以利用本書第 13 章所介紹的 4K Video Downloader 程式下載高畫質的影片，再利用「音頻提取」功能即可將其音檔提取使用。

## 11-2-4　編修背景音樂及音效

　　確認欲使用的背景音樂後，接下來需要做音檔的編修，像是針對長度不夠的音樂要進行串接，而過長的音樂則需要做修剪。當影片較長而所要使用的背景音樂過短時，就必須多次加入同一首背景音樂，且串接時要特別注意銜接處，要多聽幾次或做修剪，才能讓音檔銜接完美。

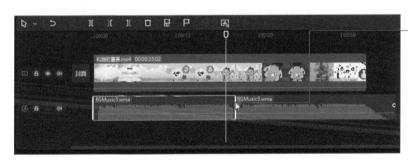

拖曳聲音右邊
界，讓上一段聲
音和下一段聲音
可以銜接完美

在串接過程中，如果音樂片段後方有多餘的空白，只要拖曳該段音樂的右邊界並向左移即可修剪音樂。音樂串接後，記得反覆試聽並確認銜接處的效果喔！

當背景音樂的長度比影片長度還要長時，就得進行修剪的工作。只要將音樂軌的聲音長度往左拖曳，使之與視訊軌同長度就行了，或是音樂前端向右拖曳也可以進行修剪。

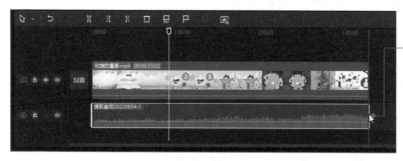

修剪音樂時，先將聲音長度往左拖曳，使與視訊軌同長度

而修剪後發現聲音突然斷掉，則可透過淡入與淡出的設定來處理，或者因為節奏的關係，淡入淡出效果仍無法完美呈現時，可以利用「變速」功能來變通處理喔。

## 11-2-5　音樂的淡入／淡出

「淡入」是指聲音從無到有漸漸變大聲，而「淡出」則是從有漸漸變小聲到無，顯示有開始與結束的感覺，聽者也不會因為聲音突然斷掉而感到奇怪。其設定方式是從「音頻／基礎」標籤中設定「淡入時長」和「淡出時長」，就會在音軌的前後顯示如右下圖的斜角效果。你也可以拖曳音軌上的白色圓圈來調整淡入與淡出的時長。

由此調整淡出入效果的時間

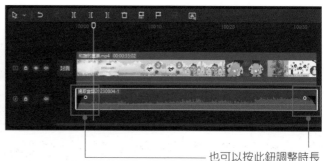

也可以按此鈕調整時長

## 11-2-6　聲音變速

　　所選取的背景音樂若因節奏的關係，使得淡出音樂的結尾處還是不甚理想，那麼可以考慮使用「變速」功能來調整音樂的速度，只要調整的倍數不大，聽者將不會察覺到音樂的差異，又可以讓音樂圓滿的結尾。請切換到「變速」標籤，就可以調整「倍數」的數值。

　　音訊如果有經過變速的處理，則在音訊的上方會標註倍數的數值，讓你能夠一目了然。

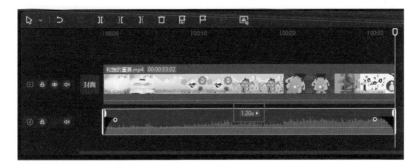

## 11-2-7　導出音訊

　　編輯中的影片如果要導出聲音檔，按下「導出」鈕後，在「導出」視窗中勾選「音頻導出」的選項，再選擇導出的格式，即可按「導出」鈕導出聲音。目前提供的導出格式有 WAV、MP3、AAC、FLAC 四種格式。

❶勾選此項

❷選擇導出格式

❸按此鈕導出

剪映熟手篇 · 使用剪映開始創作

# 行動與影音社群行銷

隨著 YouTube 等影音社群網站效應的發揮，許多人利用零碎時間上網看影片，影音分享服務早已躍升為網友們最喜愛的熱門應用之一。現代人的視線已經逐漸從電視螢幕轉移到智慧型手機上，伴隨著這一趨勢，行動端廣告影片迅速發展，影片所營造的臨場感及真實性確實更勝於文字與圖片，動態的影音行銷也成為勢不可擋的時代趨勢。

大家辛苦拍攝或剪輯影片，目的不外乎是為了行銷宣傳或是秀自己，所以如何以最簡便的方式將視訊作品上傳到社群網站，便是大家所關心的事。現今社群網站眾多，除了將專案作品上傳到大家熟悉的 YouTube 外，還能將影片上傳到 Facebook、Instagram、Vimeo、YOUKU…等社群，以便在網路上分享給他人。另外，製作的影片內容也可以放置在 Android 的智慧型手機中，讓影片保留在手機當中，走到哪也可以隨時和他人分享，因此這一章節就要來探討如何上傳與分享視訊。

# 12-1 影片匯出至 Android 手機

在前面的各章節中，我們已經學會如何利用剪映軟體來製作影片，另外，第 19 章也會告訴大家如何利用 VidCoder 程式為檔案進行瘦身，現在就來看看如何將視訊檔案儲存到 Android 手機中。

要將自製的影片匯出到 Android 手機上，請將手機透過 USB 傳輸線與電腦相連接，就可以進行拖曳的動作，將影片檔拖曳到手機中存放相片／影片的資料夾中，此處以 Samsung Galaxy A32 手機做示範說明。

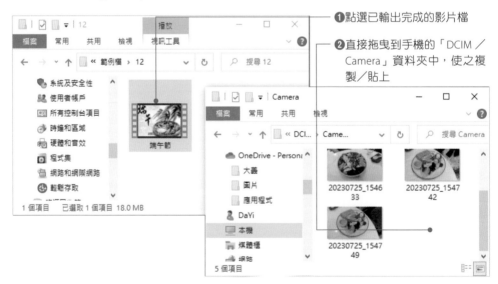

❶點選已輸出完成的影片檔

❷直接拖曳到手機的「DCIM ／ Camera」資料夾中，使之複製／貼上

拔除手機和電腦的連接線，開啟「媒體瀏覽器」後，就可以找到剛剛匯入的影片。

從手機上就可以開啟
剛剛匯入的影片

# 12-2 YouTube 影片行銷

YouTube 是一個影片分享的網站,可以讓使用者上傳、觀看、分享與評論影片。除了個人上傳自製的影片與他人分享外,很多製片或傳播公司也將電視短片、預告片、音樂錄影帶剪輯後,上傳在 YouTube 網站做宣傳。因此 YouTube 儼然成為影音網站的第一把交椅,很多人也因為影片上傳後的點閱率高,而增加了許多的廣告收入。

大家可曾想過每天擁有數億造訪人次的 YouTube 也可以是你的商業行銷利器嗎?除了影片欣賞之外,它也可以成為強力的行銷工具,YouTube 帶來的商機其實非常大,影片絕對是吸引人的關鍵,最重要的是要提供讓大家感興趣想去看的影片。

▲ YoTube 廣告效益相當驚人!紅色區塊都是可用的廣告區,讓廣告發揮最大的效益

在 YouTube 上要讓影片爆紅，除了內容本身佔了 80% 以上原因，包括標題設定、影片識別度、影片剪接的流暢度等都是原因之一。製作的影片如果觀看的人數多，就有可能在上面看到廠商的廣告。YouTube 提供的廣告平台，是從網友每一次欣賞影片的點擊次數，再向網站上刊登廣告的企業主收取廣告費，因此更能有效鎖定目標對象。你也可以將圖片、影片和文字等片頭廣告指定至 YouTube 網站上不同的刊登位置，快速幫你找到真正有興趣的潛在消費者。

## 12-2-1　影片上傳到 YouTube 社群

製作完成的影片要上傳到 YouTube 網站，首先要有一個 Google 帳戶，如果沒有 Google 帳戶，請自行申請。申請帳戶後，即可由 YouTube 網站的右側進行「登入」的動作：

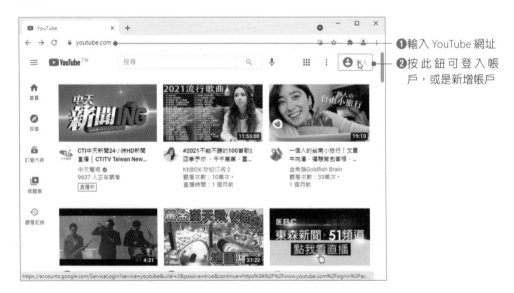

❶輸入 YouTube 網址

❷按此鈕可登入帳戶，或是新增帳戶

登入個人帳戶後，右側會看到圓形的圖示鈕，透過該鈕即可進行登出、或是個人帳戶的管理。如下圖示：

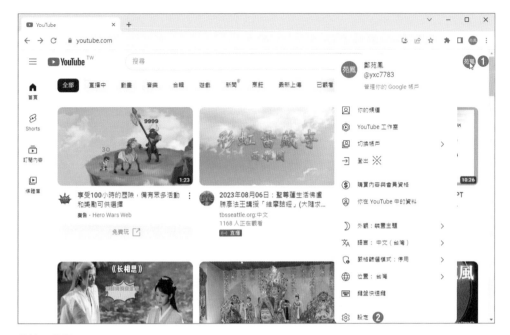

❶ 按下此鈕

❷ 按此鈕可做 YouTube 設定

※ 按此鈕可登出帳戶

請將自製的影片準備好,我們準備上傳影片。

❶ 按此鈕,下拉選擇「上傳影片」指令

❷將要上傳的檔案拖曳到此圖鈕中

也可以按此鈕選取檔案

❸由此設定影片名稱

❹輸入影片的說明文字或關鍵字，讓觀眾可以透過搜尋功能找到你的影片

❺設定影片的縮圖

若要將影片加入至播放清單中，可按此進行選擇

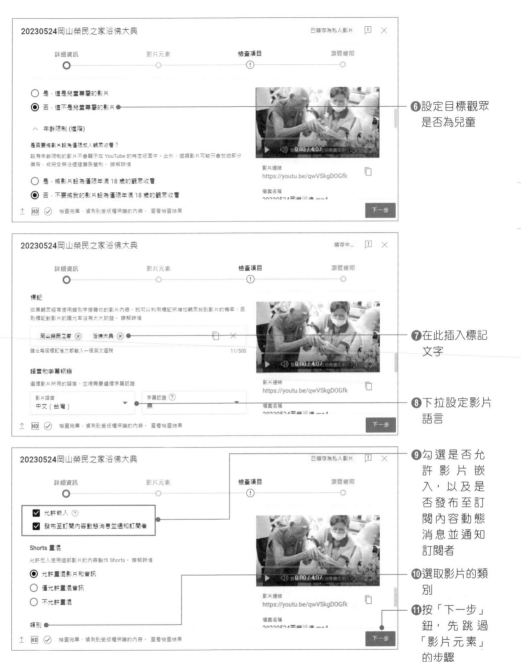

❻設定目標觀眾
是否為兒童

❼在此插入標記
文字

❽下拉設定影片
語言

❾勾選是否允
許影片嵌
入，以及是
否發布至訂
閱內容動態
消息並通知
訂閱者

❿選取影片的類
別

⓫按「下一步」
鈕，先跳過
「影片元素」
的步驟

　　「影片元素」的步驟主要設定是否加入「新增片尾」與「新增資料卡」，方便用戶向觀眾顯示相關的影片、網站或行動號召，這部分稍後再跟大家做說明。

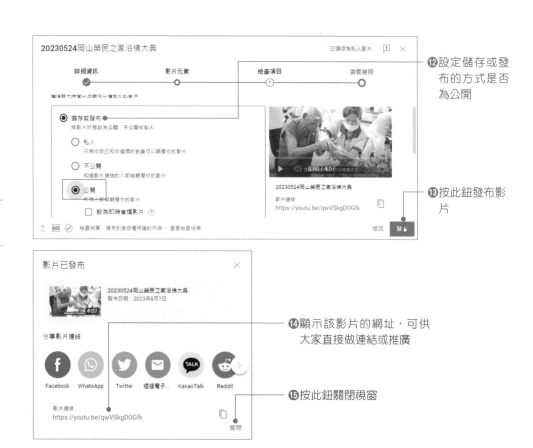

⓬設定儲存或發布的方式是否為公開

⓭按此鈕發布影片

⓮顯示該影片的網址，可供大家直接做連結或推廣

⓯按此鈕關閉視窗

## 12-2-2　活用 YouTube 的「新增片尾」功能

大家在觀看 YouTube 影片時，有時會在影片的最後看到如下的結束畫面，如果你想要讓觀眾連結到另一個影片或是讓人訂閱你的頻道，那麼結束畫面是一個非常有用的工具，透過這樣的畫面可以方便觀看者繼續點閱相同題材的影片內容。

影片結束前，直接點選影片圖示，就可繼續觀看同品牌的影片

在你上傳宣傳影片時，可以在如下的步驟中點選「新增片尾」的功能來做出如上的版面編排效果。

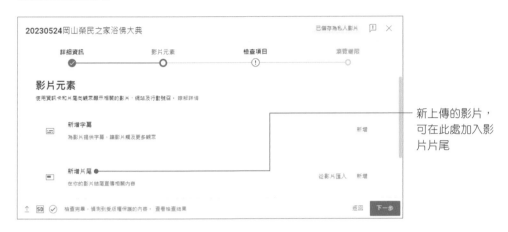

新上傳的影片，可在此處加入影片片尾

「新增片尾」對於商家或品牌行銷來說是一大利多。除了新上傳的影片可以加入影片片尾的畫面外，以前所上傳的影片也可以事後再進行加入。如果你想為已經上傳的影片加入片尾畫面，可以透過以下的技巧來處理。

❶ 按此鈕下拉選擇「你的頻道」，使顯現如圖畫面

❷ 點選要加入結束畫面的影片縮圖

③在影片下方按下「編輯影片」鈕，使進入「影片詳細資料」的畫面

④在右下方點選「片尾」的按鈕

⑤進入「片尾」的編輯視窗

預覽視窗

元素編排方式

時間軸

大家可以看到，左上角提供各種的元素編排版面可以快速選擇，下方是時間軸，就是影片播放的順序和時間，你可以指定元素要在何時出現，而右上方則是預覽畫面，可以觀看放置的位置與元素大小。

在元素部分，你可以選擇最新上傳的影片、最符合觀眾喜好的影片，或是選擇特定的影片，至於「訂閱」鈕它會以你品牌帳號的大頭貼顯示，所以不用特別去做設計。此處要示範的是：在片尾處加入一個播放影片和一個訂閱元素。

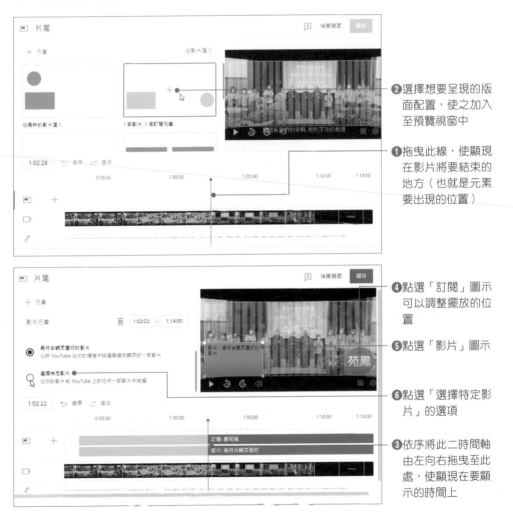

❷選擇想要呈現的版面配置，使之加入至預覽視窗中

❶拖曳此線，使顯現在影片將要結束的地方（也就是元素要出現的位置）

❹點選「訂閱」圖示可以調整擺放的位置

❺點選「影片」圖示

❻點選「選擇特定影片」的選項

❸依序將此二時間軸由左向右拖曳至此處，使顯現在要顯示的時間上

❼選取要顯示的影片

❽設定完成按「儲存」鈕

設定完成後，影片結束之前就會顯現你所設定的影片和「訂閱」鈕，讓喜歡你影片的粉絲可以訂閱你的頻道。

## 12-2-3　活用 YouTube 的「新增資訊卡」功能

　　YouTube 推出了「資訊卡」，相當於強化版的註釋功能，能夠讓你在影片裡面直接置入對外連結。資訊卡是在影片的右上角出現 🛈 的圖示，點選可以看到說明的資訊，如下圖所示。透過資訊卡可以連結到宣傳的頻道、影片、播放清單、或者能獲得更多觀眾觀看的特定影片，其中連結網站必須加入 YouTube 合作夥伴計畫才能使用。

— 資訊卡顯示方式

　　資訊卡可以在你上傳新影片時加入，也可以事後再補上。這裡示範的就是事後加入資訊卡的方式，請在影片下方按下「編輯影片」鈕，使進入「影片詳細資料」的畫面，接著依照下面的步驟進行設定：

❶按此鈕進入「資訊卡」設定畫面

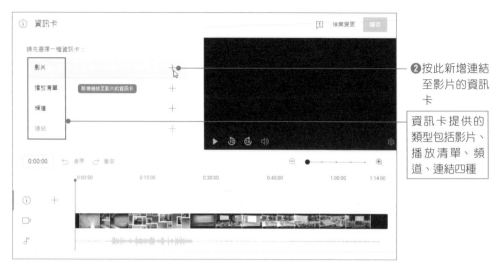

**❷** 按此新增連結至影片的資訊卡

資訊卡提供的類型包括影片、播放清單、頻道、連結四種

**❸** 選取影片使之加入

**❺** 按此鈕儲存資訊卡

**❹** 預覽視窗已顯示資訊卡的效果

設定完成後，當影片開始播放時，就會看到資訊卡的出現。

影片開始播放時所顯示的資訊

滑鼠移入圖示時所顯示資訊

按點資訊鈕後，會在影片下方顯示所連結的影片

## 12-2-4　分享與宣傳你的 YouTube 影片

好不容易製作完成的影片已上傳到 YouTube，但可別以為這樣就大功告成，因為想要行銷你的影片，第一個就是要透過分享的功能把影片告知你所認識的親朋好友。請將滑鼠移入影片後方，然後按下「選項」┋鈕，出現選單後選擇「取得分享連結」指令，就能將連結網址複製到剪貼簿，屆時再到你所熟悉的 LINE 群組或社群網站上按下「Ctrl」+「V」鍵貼入連結即可。

滑鼠移入時按「選項」鈕，再執行此指令取得分享的連結

## 12-2-5　查看 YouTube 影片成效

你所上傳到 YouTube 的影片，YouTube 都有提供詳盡的數據分析，例如哪支影片較熱門、多少人觀看、觀看總時間、曝光次數、曝光點閱率、平均觀看時間長度、非重複觀眾人數…等，讓你知道影片成效，可作為你付費宣傳的參考。請在上圖的視窗左側按下「數據分析」鈕，使切換到「數據分析」的類別，即可觀看各項的數據。

由此切換到「數
據分析」，可查
看影片的各項
數據

## 12-2-6　YouTube 影片管理

完成 YouTube 影片的上傳後，即可以在左側的「影片」標籤中看到剛剛上傳的影片以及各項的資訊，包括瀏覽權限、限制、發布日期、觀看次數、留言數、喜歡的比例等。

「內容」標籤

顯示剛剛上傳的
影片

影片如需變更「公開」、「不公開」或「私人」，可直接點選「瀏覽權限」的欄位進行變更，若是原先編輯的資料有所錯誤，可將滑鼠移入影片說明的文字，它會自動出現如下圖所示的按鈕，按下「詳細資料」鈕可回到原先的上傳資料的畫面進行修改。

滑鼠移入顯示的工具鈕，按此鈕編輯影片的詳細資料

除了以 ✏ 鈕編輯詳細資料外，按下「選項」 ⋮ 鈕則可取得分享連結、宣傳、下載、或是進行刪除等動作，讓你輕鬆管理你的影片。

按「選項」鈕所顯示的各項功能

## 12-2-7 從 YouTube 網站新增 CC 影片字幕

如果你有字幕檔，想為以前的影片加入字幕，只要準備好 SRT 字幕檔，就可以透過以下的步驟，從 YouTube 網站新增 CC 影片字幕。

❶ 後台中，先進入要加入字幕的影片中

❷ 按此鈕切換到「字幕」

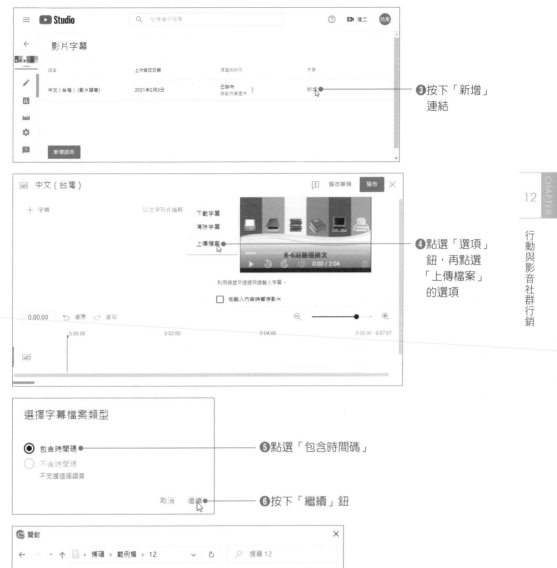

❸按下「新增」
連結

❹點選「選項」
鈕,再點選
「上傳檔案」
的選項

選擇字幕檔案類型

◉ 包含時間碼 ●━━━━━━━━━━━❺點選「包含時間碼」

○ 不含時間碼
　不支援這個語言

取消　繼續 ●━━━━━━━━━━━❻按下「繼續」鈕

❼點選 SRT 字幕檔

❽按下「開啟」鈕

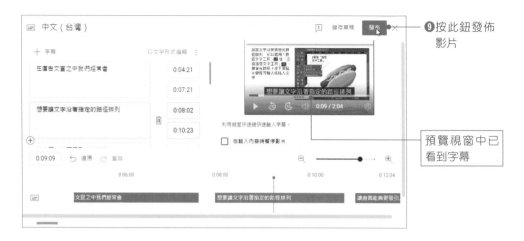

❾按此鈕發佈影片

預覽視窗中已看到字幕

影片發佈之後，當瀏覽者觀看你的影片時，就可以看到剛剛所加入的字幕了！

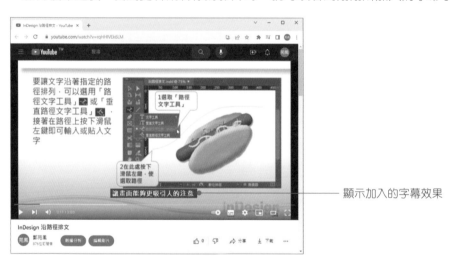

顯示加入的字幕效果

當你的影片有加入 CC 字幕（Closed Caption），非台灣的瀏覽者在觀看你的影片時，就可以透過影片右下角的⚙鈕下拉選擇「自動翻譯」的選項，再選擇想要顯示的語系即可。

如下圖所示，輕鬆將你的熱門影片轉換成英文或日文的字幕了！

# 12-3　Facebook 影片行銷

　　Facebook 是一個免費的社交網站，據 2013 年官方資料顯示，台灣約有 1500 萬人每月登入臉書，其中約 1200 萬人是透過行動裝置登入。在 Facebook 網站上除了文字訊息的傳送外，會員也可以傳送圖片、影片或聲音訊息給其他使用者。只要年滿 13 歲以上即可註冊為會員，註冊後可以自行建立個人檔案、將其他人加入好友，也可以將有相同興趣的人加入群組之中，或是將朋友分類管理。根據統計，每天上

傳到 Facebook 上的圖片就有 3.5 億張之多，是世界上分布最廣的社群網站，所以將影片分享到 Facebook 上可大大增加曝光的機會。

## 12-3-1　影片上傳到 Facebook 社群

將自製的影片準備好，現在準備到 Facebook 上傳影片。Facebook 社群的上傳方式如下：

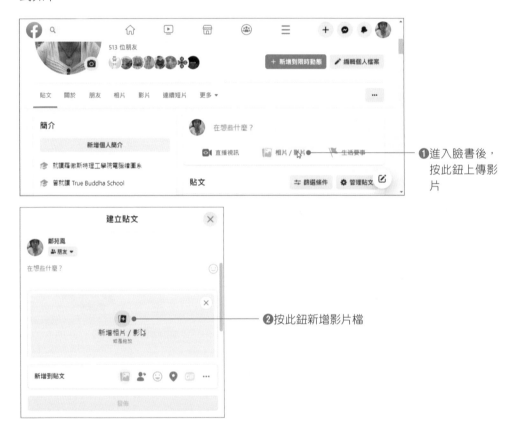

❶進入臉書後，按此鈕上傳影片

❷按此鈕新增影片檔

剪映熟手篇－使用剪映開始創作

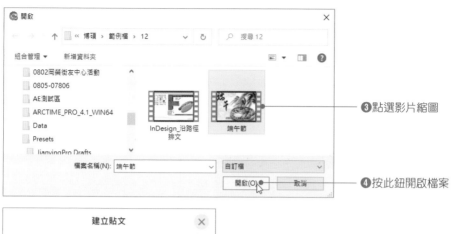

❸點選影片縮圖

❹按此鈕開啟檔案

❺輸入你要介紹的文字內容

❻按此鈕發佈影片貼文

❼剛剛上傳的影
片已分享在
Facebook 上

## 12-3-2 分享與宣傳你的影片貼文

當影片已張貼到 Facebook 後，點選影片會顯示如下的畫面，你可以按下「分享」鈕，「分享」鈕可以將影片分享到動態消息上，或者以 Messenger 傳送給他人，也可以分享到社團中。

按此鈕進行免費宣傳

# 12-4 Instagram 影片行銷

Instagram 是一個結合手機拍照與分享照片的社群平台，主要以圖像和視訊傳達資訊，由於藝術特效的加持，讓平凡的相片／影片藝術化，加上分享的便利性，因此 Instagram 一推出，就快速成為年輕人最受歡迎的平台。假如你想利用 Instagram 社群來經營你的商品、增加實體店面的業績，或是想擴大潛在客戶，那麼利用 Instagram 來行銷就不可缺席。

## 12-4-1 影片上傳到 Instagram 社群

Instagram 以手機拍攝和編輯為主，所以建議大家透過前面介紹的方式，先將影片匯入到手機裡，再從手機的圖庫中上傳影片。下面簡要說明影片上傳到 Instagram 社群的方式，這裡以 Android 手機做示範。進入 Instagram 社群後，按左上角的大頭貼「你的限時動態」鈕，使進入右圖視窗後按下「選擇」鈕，並勾選先前上傳到手機的影片。

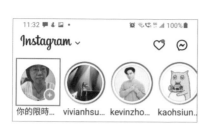

▲ 按大頭貼照進入你的限時動態　　　　　▲ 選擇影片

　　點選你要上傳的影片檔後，按右下角的「下一步」
鈕，接著在跳出的面板中選擇「單獨」，如右圖所示：

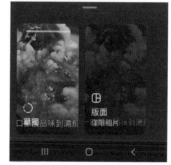

　　進入左下圖的畫面，即可選擇分享至你的限時動態、摯友，或是傳送到群組，或
是按下 ▶ 鈕，也可以從跳出的面板中選擇分享方式。

▲ 按「下一步」鈕　　　　　▲ 選擇要分享方式

除了透過上面的「你的限時動態」功能來上傳分享影片外，也可以在 Instagram 下方點選⊕鈕，按此鈕所分享的影片則會剪裁成正方形。

———— 按此鈕，也可以分享影片

## 12-4-2　再次分享

當我們將影片發佈出去後，想要再分享影片，只要在影片底端按下「更多」鈕 會看到如右下圖的選單，讓你選擇「複製連結」或是「分享」。選擇「分享到」的選項，可以立即與附近的對象分享內容，或是與 IG、LINE、Facebook 上的朋友進行分享 喲！

# MEMO

PART

# III

## 【網路資源篇】
## 免費又好用的資源大公開

# YouTube影片下載利器—
# 4K Video Downloader

影片是現代生活中不可或缺的一部分，它改變了我們的生活方式和
社會結構，同時也對商業和娛樂產業產生了巨大影響，影片為人們
提供了更多的工作和娛樂選擇，從線上會議到網路直播，全球使用
者每日觀看影片總時數超過上億小時，每天的影片瀏覽量甚至高達
49.5 億。特別是 YouTube 影音分享的平台，不但可以時時接觸到
各種的新資訊，還可以與他人互動交流，甚至可以經營個人專有的
頻道，上傳影片與他人分享。

YouTube 上的影音資訊包羅萬象，很多很好的影片都讓人想將它保存下來，以便時時觀看。以往大家要下載 YouTube 影片，通常都是將 YouTube 網址的「ube」刪除，或是在 YouTube 影片網址後方加上「my」，也有的是在 YouTube 網址前方加上「conv」來下載影片。然而這些方式提供給一般使用者所下載的影片屬較低畫質的影片，若是要下載「高畫質」的影片就得付費才可使用。如下圖所示：

將 YouTube 網址的「ube」刪除，會轉到此畫面，可下載低畫質的影片

高畫質的影片只有 PRO 用戶才可選用

對於影音工作者來說，品質低的影片是無法製作出高畫質的內容。因此這裡要強烈跟大家推薦一套可以下載高畫質影片的下載利器－4K Video Downloader。

# 13-1　下載 4K Video Downloader

4K Video Downloader 是一款可以跨平台使用的軟體，可以下載 YouTube、Facebook、Vimeo 和其他影音網站上的高畫質影片、播放清單和頻道。其網址為：https://www.4kdownload.com/zh-tw/downloads/7。

❶輸入網址

❷按此鈕下載軟體

❸按此鈕下載應用
程式

檔案下載到個人電腦的「下載」資料夾中，按滑鼠兩下執行該程式，安裝完成就會自動開啟該程式。在視窗下方顯示，使用者每天有 30 次的下載機會。

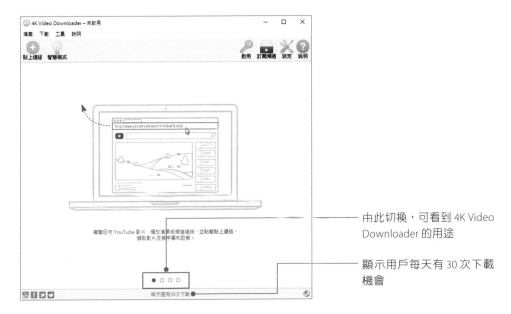

由此切換，可看到 4K Video
Downloader 的用途

顯示用戶每天有 30 次下載
機會

# 13-2 下載高畫質 YouTube 影片

　　這套軟體的使用方式很簡單，只要在 YouTube 網站上找到喜歡的影片，選取並「複製」該影片網址，然後按下「貼上連結」鈕，就可以選擇要下載的影片尺寸了。

❷按「Ctrl」+「C」鍵複製此網址

❶找到喜歡的影片內容

❸按此鈕貼上連結網址

顯示原影片的最高畫質為 1920×1080，306MB

④選取你想下載的影片品質

⑤按「下載」鈕

⑥影片下載完成會顯示於此，按右側的「選項」鈕，再下拉選擇「在資料夾中顯示」指令，就可以看到下載的影片了

今天還有 29 次下載機會

軟體使用很簡單吧！每天都會觀看的影片，像是健康操、念佛、冥想、助眠音樂…等，每天必用的影片，下載下來就不用透過網路連結才能觀看囉！

# 13-3 下載綠幕素材

「綠幕」特效是一種把主角從綠幕背景中分離開來的影像技術，方便將主題後面的綠色背景替換成其他的畫面。這種綠幕特效，最常應用在氣象報導或新聞播報上，然而在實際拍攝現場，主播可能是站在綠幕面前播報，但是透過影片剪輯軟體

做後製去背的合成，就可以讓電視機前面的觀眾同時看到氣象圖和氣象主播結合的畫面，連好萊塢許多酷炫的超現實影片，也都是利用綠幕的去背技術來完成的。

# 13-3-1 綠幕素材哪裡找

要製作影片背景合成的特效，一種方式就是建立一個綠幕攝影棚，由於這種方式需要龐大的預算和複雜的器材才能做到，不建議大家採用。這裡建議的就是直接上網找現成的「綠幕素材」來使用。以下提供幾個可以免費下載綠幕素材的網站供大家參考：

## Pixabay

● **網址**：https://pixabay.com/zh/videos/search/

連結網址後，輸入關鍵字「green screen」，並確認搜尋的內容為「視頻」，按下「Enter」鍵開始搜尋，點選喜歡的綠幕素材，從右側按下「免費下載」鈕，即可選取想要下載的影片尺寸。

## Videezy

● **網址**：https://www.videezy.com/free-video/green-screen

有付費的也有免費的影片，找到免費的影片後，按下「Free Download」鈕即可下載。

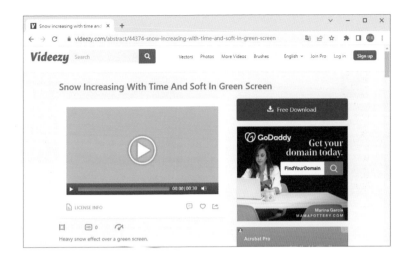

## 🎬 Footage Island

● 網址：https://www.youtube.com/@footageisland

　這是 YouTube 網站上的一個頻道，它的「播放清單」中有各種綠幕素材可以免費下載使用。

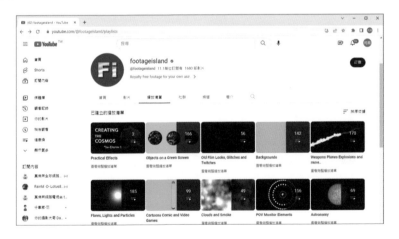

## 🎬 YouTube

● 網址：https://www.youtube.com/results?search_query=green+screen

　直接在 YouTube 網站上搜尋「Green Screen」關鍵字，就可以看到許多的免費綠幕素材。針對綠幕的部分，你還可以依照你的需要，像是光的效果、雪、愛心、火、星星…等加以搜尋，就可以更快找到你所需要的素材。

## 13-3-2　下載綠幕素材

YouTube 上的素材相當豐富，取之不盡用之不竭，搜尋到的綠幕素材一樣是透過
4K Video Downloader 來下載。

要下載的影片
若是屬於某一
播放清單，還
可選擇下載整
個播放清單

如果要下載的素材是在某個播放清單之中，而清單中的素材又都是你喜歡的素
材，那麼當你按下「貼上連結」 ⊕ 鈕，還可以選擇「下載播放清單」喔！如果你只
要下載該素材就好，那麼就按下「下載影片」鈕即可。

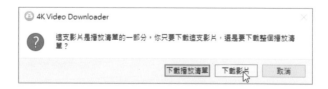

# 聊天機器人 − ChatGPT

ChatGPT 是一個由 OpenAI 開發的大型語言模型,它使用深度學習技術來生成自然語言回應。ChatGPT 基於開放式網路的大量數據進行訓練,因而能夠產生高度精確、自然流暢的對話回應,並與人進行互動。

# 14-1　認識 ChatGPT

ChatGPT 在多個領域中都有應用，例如智能客服、自然語言處理、自動回覆、寫作及摘要…等。也就是説，ChatGPT 除了可以給予各種問題的建議，也可以幫忙寫作業或程式碼，甚至有任何食衣住行育樂的生活問題或學科都可以詢問 ChatGPT。

## 14-1-1　進入 ChatGPT

要使用 ChatGPT，首先是註冊一個免費的 ChatGPT 帳號。如果你已有 Google 帳號或是 Microsoft 帳號，可直接按下「登入」鈕，以 Google 或 Microsoft 帳號快速登入。網址為：https://chatgpt.com/。

❶按「登入」鈕後，再選擇 Google 或 Microsoft 帳號

若要登出，可按此鈕，再選擇「登出」指令

❷由此與 AI 機器人對話

## 14-1-2 以 ChatGPT 生成文案

當我們登入 ChatGPT 之後，只要在下方的框內輸入要詢問的問題，就可以和 AI 機器人輕鬆對話。由於 ChatGP 設計目的是要理解和生成自然語言，建議輸入的問題儘量是簡單、清晰、明確的，並以自然、流暢的語言與 ChatGPT 對話即可。

以下我們請 ChatGPT 以「攝影專家」的角度，說明「拍攝人像」時要注意哪些要點，內容約 500 字，不要重複。

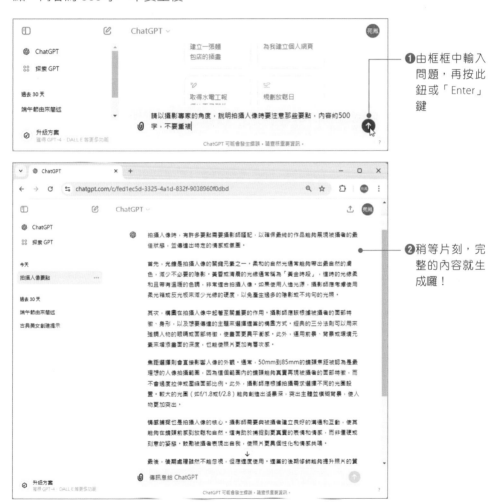

❶由框框中輸入問題，再按此鈕或「Enter」鍵

❷稍等片刻，完整的內容就生成囉！

對於 ChatGPT 所提供的內容，你可以照單全收，直接貼入「剪映」影片剪輯軟體中，就可快速地以「圖文成片」功能來生成影片。若要進一步編修，則可利用「Ctrl」+「C」鍵複製機器人的答案，再到記事本中按「Ctrl」+「V」鍵貼上文字，即可在記事本中編修內容。

## 14-1-3 以 ChatGPT 生成 AI 繪圖的 Prompt

當我們向 ChatGPT 聊天、問問題，或是下達任何指令時，那些所輸入的語句或描述詞統稱為「Prompt」。在許多的 AI 繪圖工具，例如：Midjourney、Playground AI、Leonardo.Ai、Blue Willow…等，甚至是生成的頭像，都需要以英文的 Prompt 才能生成圖片。此時可以善用 ChatGPT 來幫忙將構思翻譯成英文，或是請它幫你生成 Prompt 的描述詞。

一個東方女孩，短髮，可愛，頭上頂著一朵大白蓮花，請幫我生成Prompt。

Here is the image of the cute East Asian girl with short hair and a large white lotus flower on her head. I hope it matches what you envisioned!

　　ChatGPT 所生成的英文詞句，複製後直接貼到 Midjourney、Playground 等相關的 AI 繪圖工具，就可以快速生成圖像囉！如下圖便是利用生成的文字，直接貼到 Playground 中所生成的畫面效果。

輸入的描述詞

# 14-2 撰寫 Prompt 的技巧

在與 ChatGPT 對談的過程中，你一定會遇到 ChatGPT 回答的內容與你預期的完全不相干，甚至內容是捏造的，因此如何有效的提問，就顯得相當重要。想寫出有效的 Prompt，以下提供幾點建議供參考。

## 14-2-1 專業問題交由專業角色

輸入問題時，可事先設定人物的專業背景，因為其回答的結果會是完全不一樣的觀點。例如我們詢問 ChatGPT 如何拍攝人像，通常它的回答內容較為通俗性，但若是指定為「攝影專家」，那所得到的內容就會比較專業。

## 14-2-2 給予完整的需求資訊

要明確、清楚、且完整的告知相關資訊，這是直接影響生成內容的最核心部分。你可以善用 5W2H 來彌補思考問題的疏漏，以免忽略重要的訊息。而 5W2H 即是最常見的七個問題：Who（何人）、When（何時）、Where（何處）、What（做什麼）、Why（為什麼）、How（如何做）、How Much（做多少）。將這些重要的核心資訊提供給 ChatGPT，它就不會自己「腦補」，虛構許多莫須有的內容出來，白白浪費你寶貴的時間。

## 14-2-3 補充說明與強調

當你確實做到前面的兩點技巧，則生成的結果就不會偏差太多，且若有明確的用途或書寫格式，甚至跟 AI 繪圖有關的繪畫風格、視覺角度、燈光效果、圖像比例…等，都可以加以補充說明，如此一來 ChatGPT 收到足夠的資訊，執行出來的結果就會更符合你的需求。

以 AI 繪圖為例，假如你想要利用 ChatGPT 來生成一個人像 LOGO 的 Prompt，首先可以重整它給你的訊息，然後再繼續提出問題，或是請 ChatGPT 生成更多有關 LOGO 形象的形容詞，以及請它幫你整合生成出來的 Prompt，並限定文字數。利用這些技巧，所生成的描述詞或 Prompt，就能讓 AI 繪圖生成更符合你需求的圖片。

如果要撰寫的 Prompt 比較長時，為了避免 ChatGPT 搞錯意思，你可以在每個段落之前加上「#」標籤來加以區別目標、公司資訊、或是企劃書的相關格式。也可使用引號「"」來標示出你的產品、文章標題、或特定的要求。

## 14-2-4　要求不重複並限定字數

由於 ChatGPT 在回答提問時，經常會重複一次你的問題，所以可以要求它直接給答案即可。另外，不同的機器人回答的內容有的很簡短，有的很長很囉唆，為了符合你的需求，可以限定它回答的字數。

## 14-2-5　善用 ChatGPT 指令大全

ChatGPT 指令相當多元，包括可請它編寫程式、編寫履歷自傳、寫文案、翻譯語言…等，都可以請 ChatGPT 幫忙。而更多有關 ChatGPT 常見指令，可以自行參閱 ChatGPT 指令大全。網址：https://www.explainthis.io/zh-hant/chatgpt。

❶依照個人需求，選擇想要的類別，如：社群媒體

❷網頁下方顯示相關的 Prompt 雛形，按「複製」鈕

如上述將複製的文字「貼入」ChatGPT 中，再加以修改符合你的需求，就可以為你的短影片提供一些想法或創意。而如下圖是請 ChatGPT 生成兩個有關五月五日端午節的短影片想法。

## 14-2-6 提供範本或模擬對象

為了讓 ChatGPT 生成的內容與你的目標吻合，你可以提供範本或模擬對象給它參考，像是國中會考的模擬試題，告訴它考試類型、出題規則，並提供試題給它參考等，讓生成的試題內容符合你的要求。同樣地在許多的 AI 繪圖工具中，也允許你上傳圖片當作模擬的對象，讓所生成的圖片更符合所期待的標準。

# 14-3 管理你的 ChatGPT

當你經常使用 ChatGPT 來回答問題後，介面的左手邊就會陸續增加許多的標籤。如果沒有好好管理你的 ChatGPT，屆時要找尋先前的資料就很麻煩，在此介紹幾個要點供你參考。

## 14-3-1 更換新的機器人

利用「問」與「答」的方式，你可以持續和 ChatGPT 在同一個主題上進行對話。如果你沒有得到理想的答案，想要改選其他新的機器人，可點選左側的「新交談」鈕，它就會重新回到起始畫面，並改用另一個新的訓練模型，此時再輸入同樣問題，將可能會得到不一樣的結果。

按此更換成新的聊天機器人

## 14-3-2 刪除不必要的聊天內容

當你經常和 ChatGPT 交談，左側的清單會不斷地增加，對於不需要的聊天內容，可以點選後選擇將它刪除。

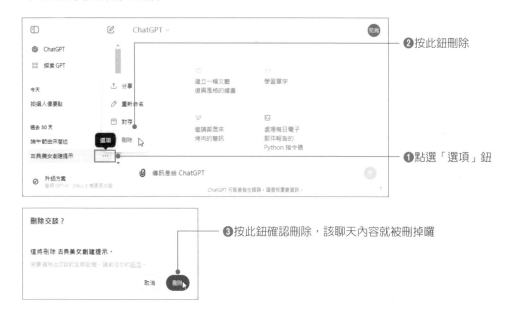

❷按此鈕刪除

❶點選「選項」鈕

❸按此鈕確認刪除，該聊天內容就被刪掉囉

## 14-3-3 更改聊天的標題名稱

當你和 ChatGPT 進行新的交談時，ChatGPT 都會自動幫你設定一個標題名稱。像剛剛我們設定了一個頭上頂著大白蓮花的東方女孩，它的名稱就自動設為「東方女孩描述翻譯」，而若想更換此標題，可按下標題後方的「選項」 ••• 鈕，即可進行名稱的修正。

❶按此鈕，選擇「重新命名」

❷顯示文字框，輸入新的標題文字，按「Enter」確認即可

有關 ChatGPT 的使用技巧就簡要介紹至此，想要更進一步了解如何將 ChatGPT 運用到各個領域，可購買專書參考。

# 15

# 智能繪圖工具─
# Playground AI

本章要來介紹一個可免費使用且免安裝的 AI 繪圖工具─
Playground AI，免費用戶每天可建立 1000 張圖像，而且生成的圖
像可以應用於商業用途上，這對於普羅大眾來說相當佛心，除非使
用的頻率非常高，或需要更細緻畫面，則可考慮成為付費的會員。
付費會員每天可使用 Stable Diffusion 模型建立 2000 張圖像，生成
圖時不需要等待，即可更快生成圖像，對圖像尺寸也沒有限制，而
且可以將生成的圖片和關鍵詞設為私有模式，讓其他人無法參閱，
保有個人的創作隱私權。

Playground 網址：
https://playgroundai.
com/

按此鈕即可以個
人的 Google 帳戶
登入

這個 AI 繪圖網站的使用方法很簡單，你可以瀏覽別人生成的圖像，然後複製他人的 Prompt 來生成圖片，也可以再混合其他人的 Prompt，使生成類似的畫面，或是將他人的圖像進行編輯產生新圖像。如果想要建立特定的主題，也可以全客製化生成圖片，或以圖片生圖，原則上只要先選定好圖像風格、輸入英文 Prompt、設定生成的尺寸與張數，按下「Generate」鈕即可生成圖像。

由於上述的幾種方式，都可以快速生成圖片，因此接下來將對幾個主題做介紹。

## 15-1　觀摩與應用他人圖像

首先我們來學習別人生成圖片的技巧。

### 🎬 登入個人帳號

當你已經登入個人帳號時，在首頁按下左上角的 ⑪ 鈕，即可瀏覽社群中的精采畫作。

❶按此鈕

❷顯示社群畫作

## 尚未登入個人帳號

　　若還未登入個人帳戶，請由首頁往下移，會看到「Made with Playground」的畫面，按下中間的「See the Community Feed」後，就會看到許多精美的 AI 畫作。

❶在 Playground 首頁往下移，然後按下此鈕前往社群

❷瞧！顯示社群中其他人所生成的圖像

❸以滑鼠點選喜歡的圖片，使進入下圖畫面

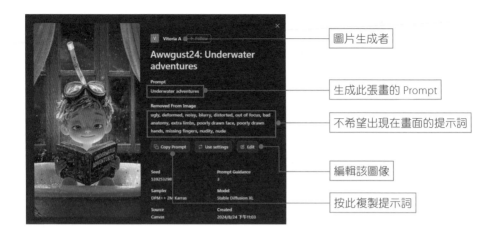

圖片生成者

生成此張畫的 Prompt

不希望出現在畫面的提示詞

編輯該圖像

按此複製提示詞

　　從中你可以看到許多使用者所生成的圖片，風格非常的多樣，瀏覽中若看到喜歡的圖片風格，可用滑鼠按點一下，即可看到該圖片的原創者、使用的 Prompt，以及不希望畫面出現的提示詞等相關資訊。

　　英文程度不好看不懂內容沒關係，可將 Prompt 複製到「Google 翻譯」，或是利用 ChatGPT 幫忙翻譯成中文。

將 Prompt 複製、貼到 Google 翻譯，就可以看到別人所使用的提示詞

　　你可以複製部分的關鍵詞，然後應用到你的 Prompt 中，將該效果加入至你的畫面中。同樣地，生成的畫面如果有缺失，也可參閱他人的「Removed From Image」中的提示詞，以便把生成圖的缺失去除。

　　此外，在畫面下方有如下三個按鈕，利用這三個功能鈕可以讓你在別人畫作的基礎上再進行創作。

複製他人的 Prompt

編輯圖像

使用設定值

## 15-1-1　複製他人的 Prompt

假如你喜歡某一張圖像的畫面，你可以在該視窗中按下 [Copy Prompt] 鈕來複製它的 Prompt，登入 Playground 之後，按「Ctrl」+「V」鍵貼入 Prompt 區塊，再按下 [Create] 鈕，即可生成類似風格的圖片。如下圖所示。

❷按此鈕關閉視窗，再按下右上角的「Create」鈕

❶按此鈕複製 Prompt

❸直接將 Prompt 貼入此處

❺按此鈕生成圖像

❻瞧！生成蝴蝶的圖像了

❹此處設定生成的張數

## 15-1-2　使用設定值

除了直接複製他人的 Prompt 外，還可以按下 [Use settings] 鈕，使用該圖的所有設定值來生成圖片，所生成的畫面風格就會和原來的畫作相當雷同。

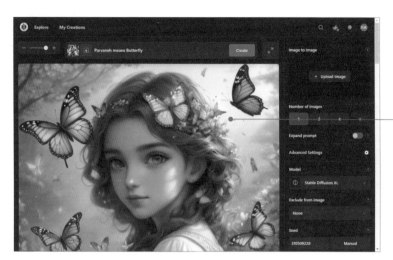

按「Use settings」
鈕所生成的畫面

## 15-1-3 編輯圖像

當你按下 Edit 鈕，即可對該圖像進行更多的編輯，例如：下載影像、移除背景、生成影像、物件移除、裁切…等處理都可辦到。如下圖所示，若筆者想將下圖畫面中的女子變更成為如下 Prompt 的畫面：

● An ancient Chinese beauty wearing a phoenix crown and gorgeous palace costumes.
（一位中國古代的美女，頭戴鳳冠，穿著華麗的宮廷服飾。）

❶輸入如上的 Prompt

❷按下「OutPaint」
鈕

❸顯示生成的畫面
效果

由此進行下載、
移除背景、裁切、
刪除…等動作

按下「Move/Select」▷鈕，在左上角處會顯示工具列，可選擇下載、移除背景、
裁切、刪除…等動作。

## 15-1-4 關鍵字搜尋圖像

Playground 首頁上，每天不斷有新的畫作出現，若想找到與你創作有關的主題，
最快的方式就是使用關鍵字搜尋。例如：要找尋與山林有關的圖像，就輸入關鍵字
「mountain scenery」，即可從中找到你想要的山林景色。

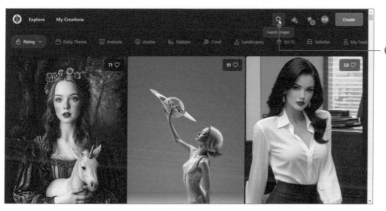

❶按此鈕，輸入關
鍵字「mountain
scenery」，按下
「Enter」鍵

❷瞧！與山林景色有關的圖像都出現囉！

　　找到想要的畫面後，再利用前面介紹的技巧去複製 Prompt、使用設定值、或編輯，就可以更貼近你的需求囉！

## 15-2　開始客製化創作

　　前面的內容是站在他人的肩膀上再進行創作，若是要從無到有的創作圖像，則千萬別錯過這節的內容。本節除了告訴你如何生成圖片外，也會告訴你如何利用 ChatGPT 來生成 Prompt。

### 15-2-1　登入 / 熟悉 Playground 視窗介面

　　請在首頁右上角按下「Get Started For Free」鈕，再以 Google 帳號登入即可。

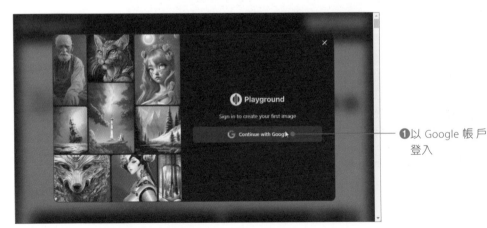

❶以 Google 帳戶登入

**❷** 顯示 Playground
的視窗畫面

設定區

Prompt 輸入區

　視窗上方的「Prompt 輸入區」是讓用戶以英文輸入提示詞，以便讓 AI 依據這些提示詞來建立畫面。右側的「設定區」是設定畫面的相關選項，以下將較重要的幾項跟大家說明：

- Aspect ratio：縱橫比。用來設定畫面的寬度與高度。例如：9:16、1:1、3:4…等，同時顯示畫面的像素值。

- Prompt Guidance：設定 Prompt 和生成圖片之間的關聯度，數值越高則生成的圖像越接近我們的 Prompt。一般推薦數值設在 7-10 之間。

- Number of Images：設定按下「Create」鈕時，可生成的圖像數，最高一次生成四張。

● Model：模型選取區。提供 Playground v2.5、Playground v3(beta)、Stable Diffusion XL 等模型，不同模型會生成不同的結果，免費會員使用預設值即可。

## 15-2-2 以 ChatGPT 生成繪圖提示

在此我們將配合 ChatGPT 的提問來得到最佳的 Prompt，再將得到的 Prompt 複製到 Playground 中來生成圖片。為了讓 Playground 中所生成的圖片能更符合我們的期望，可以請 ChatGPT 來扮演 Playground AI 的繪圖提示生成器。

接著告訴 ChatGPT 我想要的畫面效果，詢問它如何寫 Prompt。

如果你不是很了解英文的意思，可將文字複製、貼到「Google 翻譯」去看它的提示詞內容。如下圖所示：

確認 ChatGPT 提供的內容 OK 的話，就把這段的英文複製並貼到 Playground AI 中，即可生成畫面。

## 15-2-3　套用濾鏡效果

在生成畫面時還可以考慮加入濾鏡效果，目前 Playground 提供了四十多種的圖片濾鏡，只要在提示詞區的左下角按下「Filter」 鈕，即可選擇喜歡的圖片濾鏡，透過縮圖可概略看出畫面呈現的風格。推薦大家可以多加嘗試，會有許多令人驚豔的畫面。

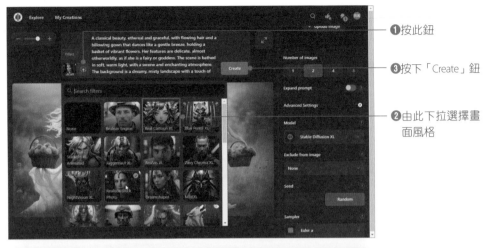

❶按此鈕

❸按下「Create」鈕

❷由此下拉選擇畫
面風格

❹顯示濾鏡效果

## 15-2-4　加入不想要的提示詞

　　在生成圖片時，如果出現缺手指、多餘肢體、臉部畫不好、模糊⋯等等不好的畫面，則可以將這些缺點寫入右側的「Exclude From Image」欄位中，以便消除畫面的缺失。

由此輸入要從影像中排除的文字

## 15-2-5 放大檢視生成的圖片

生成的看不清楚怎麼辦？沒關係，將滑鼠移到提示詞區的右側，按下  後，再配合「+」鈕設定以縱行顯示，就可以用最大的顯示比例來觀看畫面。

❶按下此鈕，使右側的面板隱藏起來

❷再按下此鈕，使變成一縱行

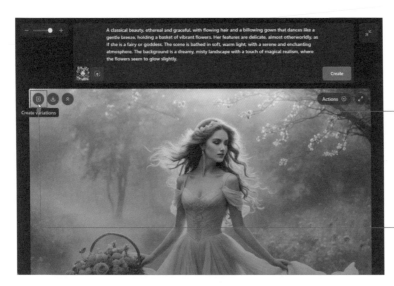

❸瞧！以最大的顯示比例顯示畫面囉！

按此鈕可以創造變化圖

## 15-2-6 創造變化圖

當 Playground 生成圖像後，對於較為滿意的畫面，可以按該圖左上角「Create variations」 ◙鈕，讓它以此為範本再生成其他圖片。

❶按下「Create variations」鈕

❷生成的變化圖

## 15-2-7　下載圖片

當你對 Playground 生成的圖片滿意，並想將畫面保存下來，可以按「Download」
⬇ 鈕，將畫面下載到你的電腦上，它會自動儲存在「下載」資料夾中。

## 15-2-8　從圖像生成圖像

在生成圖片時，也可以上傳圖片，再以該張圖片去生成新圖片。以下圖為例，欲
透過遮罩功能來改變背景的畫面。

▲ 原畫面

方式如下：

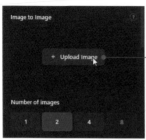

❶在右側面板的「Image to Image」，
按此鈕上傳圖片

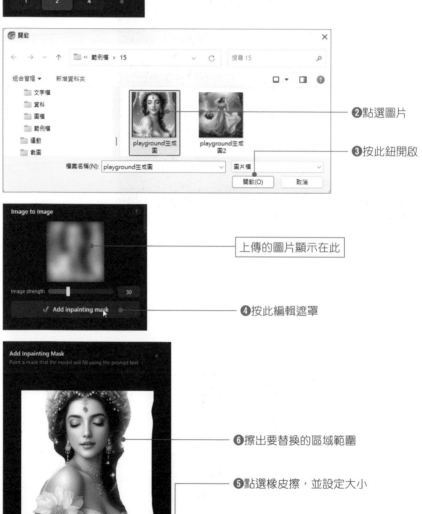

❷點選圖片

❸按此鈕開啟

上傳的圖片顯示在此

❹按此編輯遮罩

❻擦出要替換的區域範圍

❺點選橡皮擦，並設定大小

❼按此鈕完成

**❽** 由此輸出要替換的提示詞，這裡以「blue sky」蔚藍的天空做為示範

**❾** 按此鈕生成圖像

**❿** 顯示生成的結果

## 15-2-9　查看我的生成圖

玩了許久的 Playground，大家一定很好奇，自己生成的圖片，下次還可以找到嗎？當然沒問題，請由左上角按下「My Creations」鈕，就可以看到所有的圖像囉！

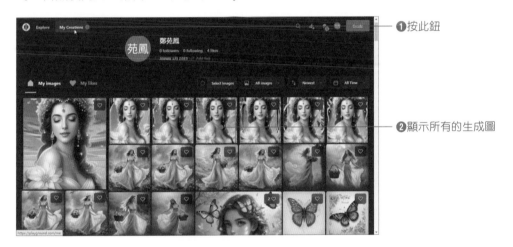

**❶** 按此鈕

**❷** 顯示所有的生成圖

滑鼠移到縮圖上，還可以選擇下載或刪除指令喔！

## 15-2-10 登出 Playground

想要離開 AI 繪圖，最好養成登出畫面的習慣。要登出 Playground，請由右上角按下大頭貼鈕，再執行「Log Out」指令即可登出。

❶按此鈕

❷選此指令登出
Playground

限於篇幅的關係，Playground AI 使用的技巧就介紹至此，大家可多嘗試進入 AI 繪圖的世界，輕鬆創造屬於自己心目中的夢幻世界。

# 線上修圖工具－
# Clipdrop

Clipdrop 是由 AI 整合線上照片編輯工具的網站。它的基礎功能皆可
免費使用，且不需要註冊帳號即可匿名使用各項工具，不過匿名用
戶還是有一定的配額，如果達到最大的免費配額，還是會要求你考
慮升級成會員，或者稍後再重試。

Clipdrop 提供的各項工具都有不同的功能，可以幫助用戶快速處理圖片、去除背景、調整光線效果、放大圖像、去除文字、以及建立多種變化體等。由於使用上非常簡單快速，不需要利用專業的繪圖軟體就能讓你在幾秒鐘內建立令人驚豔的視覺效果。例如：想要去除相片中多餘的人／事／物、為照片打光、或是將小照片放大尺寸…等，不需要再利用專業繪圖軟體和耗費大把時光來處理，本章內容大家千萬別錯過。

# 16-1  總覽 Clipdrop 工具

首先我們進入 Clipdrop 網站，看看它到底提供哪些好用的工具。網址：https://clipdrop.co/。

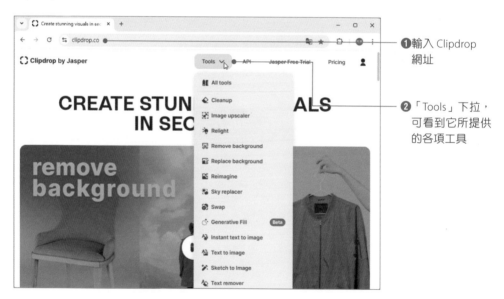

❶輸入 Clipdrop 網址

❷「Tools」下拉，可看到它所提供的各項工具

## 16-1-1  顯示工具分類

進入 Clipdrop 首頁後，可使用滑鼠將網站內容往下移，即可看到所有的工具。如果是由「Tools」下拉選擇「All Tools」指令，將會看到 Clipdrop 將所有工具分成如下幾個類別。

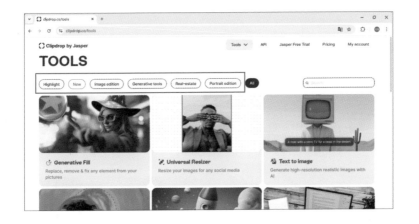

## 16-1-2 翻譯工具名稱 / 用途

Clipdrop 原始為英文網頁，如果你覺得自己的英文程度不夠好，則可以利用 Google 瀏覽器上的 🔤 鈕來幫你翻譯工具名稱與用途！

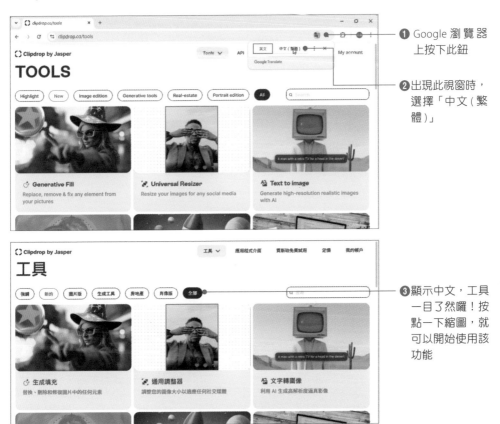

❶ Google 瀏 覽 器 上按下此鈕

❷出現此視窗時，選擇「中文(繁體)」

❸顯示中文，工具一目了然囉！按點一下縮圖，就可以開始使用該功能

# 16-2 修正工具的應用

接下來的這一小節，我們將使用一些修正的工具，幫助你快速去除背景、清理畫面多餘物件、重新打光，以及圖像放大。透過簡單的工具，將 AI 生成的畫面調整至最好的效果。首先看的是「Remove background」移除背景工具。

## 16-2-1　一鍵快速移除背景－ Remove background

「Remove background 移除背景」可以準確且快速地從圖片中提取主題，由於它是利用 AI 來移除圖像背景，所以不僅可以保留主題的細節，對於複雜的邊緣，像是毛髮、複雜物體，都能夠去除得非常好，效果比其他競爭者來得更好。

使用方法很簡單，只要拖曳要去除背景的照片到虛線框中，即可看到去背效果，按下藍色的「Download」鈕即可下載去背圖到「下載」資料夾中。未登入帳號的匿名用戶，一次只可處理一張影像，若要一次處理 2-10 張影像，則必須註冊才可使用。

❶點選要做去背處理的相片不放

❷將相片縮圖拖曳到此方框中

❸按下此鈕去除背景

❹滿意則按「Download」鈕

## 16-2-2　清理畫面多餘物件－ Cleanup

▲ 原始畫面

▲ Cleanup 之後的畫面

Cleanup 清理工具可以把不想要的部分以滑鼠塗抹，而刪除的部分會自動幫你以鄰近的畫面補足。例如上圖中的街頭表演，我們就可以利用 Cleanup 功能來將拍攝日期、後面一整排的路人抹除掉。其操作技巧如下：

❶將相片縮圖拖曳到方框中

❸對不要的區域進行塗抹

❷調整筆刷大小

❹按此鈕進行清理

❼修正完成，按此鈕下載檔案

❺針對尚未乾淨的地方再次進行選取

❻再按此鈕清理一次

不過，要注意的是，免費使用者的權限還是有限定的，當要清理的圖片大過於標清的模式，就會顯示如下視窗告知，可以選擇「縮小並繼續」鈕，以免費的方式使用此功能，或願意付費註冊，升級為會員即可保有原始畫面的尺寸。

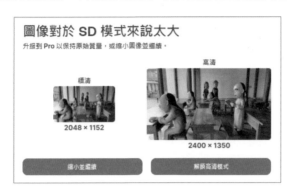

## 16-2-3　重新為相片打燈光－ Relight

「Relight 重燃」工具可以為你的主題人物再次進行燈光的處理，可控制背景光、環境光、多盞燈光、新增燈光、光的顏色、距離、半徑…等各種屬性。

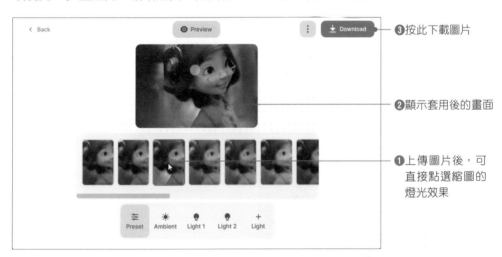

如果要自己設定燈光效果，只要按下預覽視窗中的圓鈕，就會看到如下的設定選項：

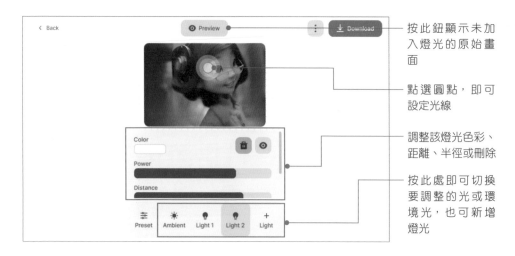

按此鈕顯示未加入燈光的原始畫面

點選圓點，即可設定光線

調整該燈光色彩、距離、半徑或刪除

按此處即可切換要調整的光或環境光，也可新增燈光

了解後我們實際來為人像重新打光，步驟如下：

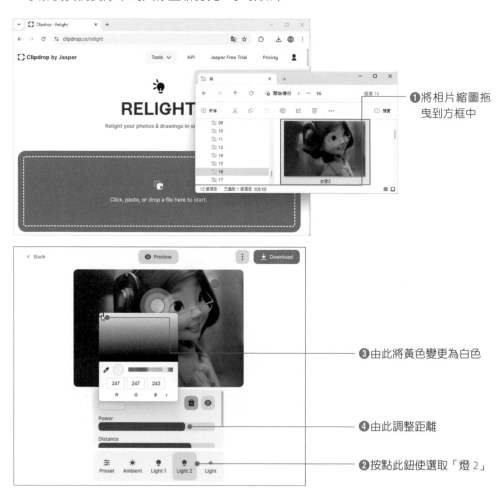

❶將相片縮圖拖曳到方框中

❸由此將黃色變更為白色

❹由此調整距離

❷按點此鈕使選取「燈 2」

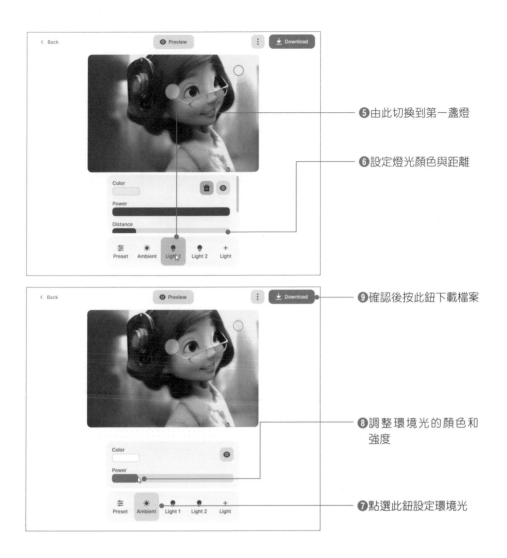

❺由此切換到第一盞燈

❻設定燈光顏色與距離

❾確認後按此鈕下載檔案

❽調整環境光的顏色和強度

❼點選此鈕設定環境光

## 16-2-4　圖像放大術－ Image upscaler

　　「Image upscaler 圖像升頻器」可以在幾秒內幫你放大圖像的尺寸，免費用戶可將圖像放至兩倍的大小，若要放大 4 倍、8 倍、16 倍則必須要註冊用戶才可使用。

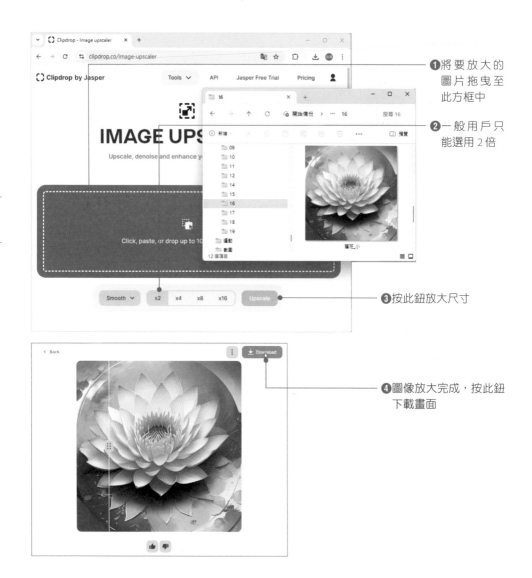

①將要放大的圖片拖曳至此方框中

②一般用戶只能選用 2 倍

③按此鈕放大尺寸

④圖像放大完成，按此鈕下載畫面

完成如上動作後，原先畫面是 768 × 768 像素，瞬間你就擁有 1536 × 1536 像素的畫面囉！所以素材尺寸若不夠大，那就靠它來幫忙。

# 16-3　Generation 建立工具

在 Clipdrop 網站上,也有一些工具是透過 AI 來生成逼真的圖片。例如:「Replace background 更換背景」工具,可以將你上傳的圖片進行去背後,再讓你利用文字輸入 Prompt 來生成背景圖像,不過此項功能必須升級為會員才可使用。而其他的建立工具,如果匿名使用達到當前使用的上限,就必須 24 小時後重試,或者是建立一個免費帳戶才可生成更多的圖片。此處介紹以下兩項工具。

## 16-3-1　文字去除器 － Text remover

▲ 原始畫面

▲ 圖片修正後的結果

此功能主要是把圖片中出現的文字給去除掉。如果圖片中有包含其他圖形需要去掉,也可以連結到其他功能繼續進行處理。技巧如下:

❶將想要修正的圖片拖曳
　至此方框中

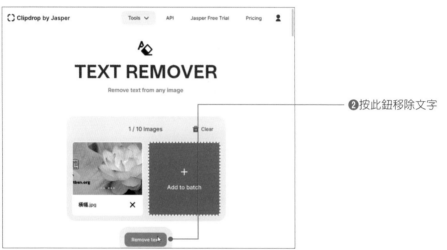

❷按此鈕移除文字

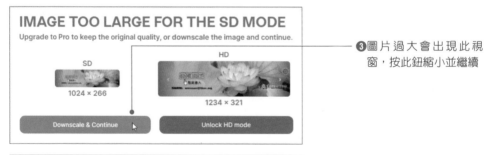

❸圖片過大會出現此視
　窗,按此鈕縮小並繼續

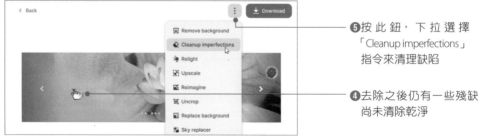

❺按此鈕,下拉選擇
　「Cleanup imperfections」
　指令來清理缺陷

❹去除之後仍有一些殘缺
　尚未清除乾淨

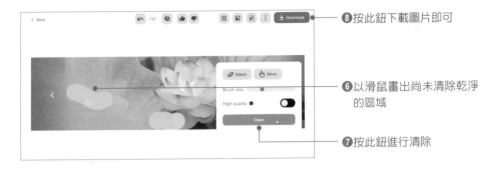

**8**按此鈕下載圖片即可

**6**以滑鼠畫出尚未清除乾淨
的區域

**7**按此鈕進行清除

　　匿名用戶雖然圖片輸出後被縮小了，但可利用前面介紹的「圖像放大術 - Image upscaler」再將圖片放大 2 倍喔！

## 16-3-2　建立圖像多變體 − Reimagine

　　此工具可將你上傳的圖片，以 Stable Diffusion 建立出類似的三張圖像。

**1**將圖片拖曳到
方框中

**2**稍等一下，就生出三
張類似效果的圖片

以上工具可以讓你快速修正畫面的缺失，也可以生成類似的圖像，在製作影片時，若能善用這些工具，將能加快製作影片的速度。正所謂時間就是金錢，省下的時間就可以做更多有意義的事情囉！

# AI圖像生成工具—Leonardo.Ai

現代科技快速發展，人類智慧領悟的突破日新月異，特別是 AI 繪圖，目前都已廣泛應用在廣告和影片上。AI 繪圖雖然很普遍，然而大家所悉的 Midjourney 需要付費，且需綁定 Discord 才能使用，Stable Diffusion 需要繁瑣的安裝以及高階顯示卡，如果想要入門 AI 繪圖，但不想付費使用，又不希望 AI 生成出來的畫面的水平太 Low，那麼 Leonardo.Ai 將是絕佳的選擇。

# 17-1 Leonardo.Ai 簡介

Leonardo.Ai 是一個繪圖創新平台，它專注於娛樂領域，特別是遊戲內容的創作，使用類似於 Stable Diffusion 的開源技術。使用者透過輸入文字指令，或是利用「以圖生圖」功能，即可生成各種風格的圖片。所以這一章我們將一起探索這個 AI 工具。

## 17-1-1 Leonardo.Ai 特點

使用 Leonardo.Ai 無需安裝任何軟體，只需打開瀏覽器操作即可，且基本功能是免費使用。只要輸入文字的提示，以及透過介面的操作，就能產生精緻的影像。

Leonardo.Ai 每天給你 150 點的代幣免費使用，讓你可輕鬆訓練自己的畫風模型，代幣每 24 小時會更新一次。限於篇幅關係，我們主要介紹「文生圖」和「圖生圖」兩種方式。

## 17-1-2 註冊與登入 Leonardo.Ai

首先我們進入 Leonardo.Ai 的官方網站，網址為：https://leonardo.ai/。

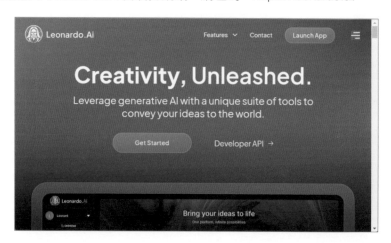

按下右上角的「Launch App」鈕，接著填寫你的電子郵件、密碼等資訊，就可以按下「Sign in」鈕，或是直接以你的 Apple、Google、Microsoft 帳號也可以進行登入。

由此可以常用的帳號
進行登入

## 17-1-3　功能區介紹

　　進入首頁後，看到的是主畫面，如下圖所示。主畫面分左右兩部分，左側的面板主要區分為 Home（首頁）、Personal Feed（個人動態）、AI Tools（人工智慧工具）、Advanced（進階）四大部分。

新手從這裡開始

左側的面板包含
四大部分

# 17-2 輕鬆上手文生圖

使用文字來生成圖像是最常用的一種方式，只要以英文字描述想要生成的畫面，機器人就可以為我們生成圖像。

## 17-2-1 開始文生圖

在進入首頁「Home」後，由右側或左側按下「Image Creation」鈕，都可以進入 AI Image Creation 的頁面。

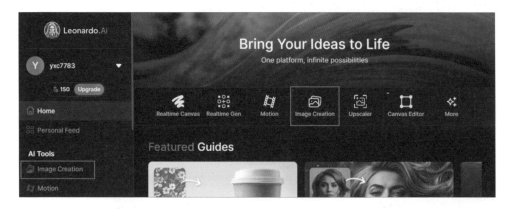

## 17-2-2 以文字生成圖片的基本操作

進入 AI Image Creation 頁面後，先從左側面板進行基本的設定，用以控制一次生成的張數（Number of Images）、輸出尺寸（Image Dimensions）、以及長寬比例（Advanced Controls），接著再由右側文字提示詞（Prompt），按下「Generate」鈕即可產生圖片。

一次所生成的圖片張數可設為 1 至 8 張，選定的張數越多，當然耗用的代幣也會較多。其中 512×1024、768×1024、1024×768、1024×1024 等四種尺寸，一次只能生成 1-4 張的圖片。

至於尺寸的設定，當然是越大越好，但是最好要配合你選定的模型，這樣才能得到較好的算圖結果。而長寬比例有 1:1、1:2、2:3、3:2、3:4、4:3、9:16、16:9、2.39:1 等選擇方式，你可以針對工作上的需求進行設定。原則上當你選定了輸出尺寸，比例的部分就會自動對應，如果你選擇了 16:9 或 9:16 的比例，則輸出的尺寸會顯示在下方。

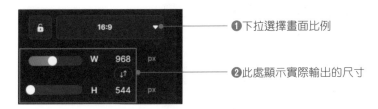

❶下拉選擇畫面比例

❷此處顯示實際輸出的尺寸

決定了輸出的張數和影像尺寸後，接著到右側面板輸入提示詞 Prompt，「Generate」鈕上會顯示該圖需要使用到多少個代幣，按下按鈕即可生成圖片。

提示詞基本上必須是英文「單詞」或「句子」，可以用空白分隔單詞，或是以逗號分隔句子皆可，就像一般口語方式和機器人溝通即可。由於輸入的提示詞必須是英文，如果你英文不夠靈光，可以透過「Google 翻譯」來幫你翻譯成英文。設定方式如下：

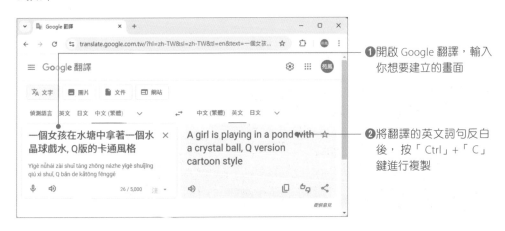

❶開啟 Google 翻譯，輸入你想要建立的畫面

❷將翻譯的英文詞句反白後，按「Ctrl」+「C」鍵進行複製

❸在此按「Ctrl」+「V」鍵貼入英文詞 Prompt

❹顯示輸出兩張畫像需要耗用 3 個代幣,按下「Generate」鈕進行生成

預設值會以最新的模型進行畫面生成

❺瞧!下方的「Generation History」標籤中,顯示生成的畫面

## 17-2-3 套用不同模型生成圖像

在提示詞區的下方還有三個選項,第一個選項可以下拉選擇不同的模型,每個模型所輸出的效果或尺寸大小也有所不同,需要耗費的代幣也不相同。第二個選項可以選擇是否加入「Leonardo Style」如下圖所示:

下拉選擇模型

下拉可選擇「Leonardo Style」或「None(無)」

當你下拉選擇不同的模型時，出來的效果也會不同。雖然我們可以由左側設定影像的輸出尺寸，但是通常最好選擇與模型訓練相匹配的尺寸，以獲得較佳的效果，避免生成的圖產生變形。如下圖所生成的畫面，便是選用「3D Animation Style」模型，並套用「Leonardo Style」的結果，看起來是不是有 3D 動畫的效果！

## 17-2-4　加入特定元素

以文字生成圖片時，除了善用不同模型來生成所要的畫面效果外，你還可以加入各種的 Elements（元素），選用不同的「模型」，Leonardo.Ai 所提供的 Elements 的元素和數目也不相同，不過一次最多可以選擇四種 Elements 來進行組合，也可以一次只選用一種元素。你可以嘗試不同的組合方式，以便找到自己最喜歡的風格，加入元素可以讓你的想像力與 AI 智慧完美的交融，創造出無限的可能。

使用時只要勾選縮圖就可加入該元素，其使用方式如下：

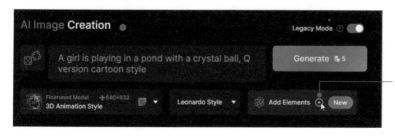

❶輸入提示詞，選定風格後，按下此鈕加入元素

這裡顯示加的元素數量

❷點選想要嘗試的元素，使呈現勾選狀態，此處以「Pirate Punk（海盜龐克）」做示範

❸按下「Confirm」鈕確認

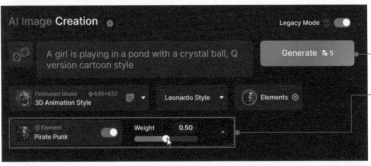

❺按此鈕生成圖像

❹此處顯示所加入的元素，並按此滑鈕調整權重

❻生成的圖像中有海盜龐克的效果囉！

網路資源篇－免費又好用的資源大公開

# 17-3　輕鬆上手圖生圖

剛剛我們已經學會使用文字來生成圖片，接下來要學習的是利用圖片來生成圖片。你可以上傳圖片，再搭配提示詞和強度設定來產生相似的圖片。

請從左側的 AI Tools 中選擇「Image Creation」工具後，在提示詞下方，生成圖片上方，就會看到「Image Guidance」的標籤，其預設狀態為「OFF」。

## 17-3-1　上傳圖片

如上圖所示，當你上傳圖片之後，標籤上會轉為「ON」，免費用戶只能使用一張圖片來生圖，而付費用戶可同時使用四張圖片來生圖。上傳的圖片可以是 PNG、JPG 或 Webp 等格式，檔案量不超過 5MB 即可，而上傳的圖片來源，可以是你指定上傳的位置，也可以是你生成的圖片。

要上傳參考圖片給 AI 作參考，只要按下「Add an image to get started」鈕即可，這裡我們以範例檔中的插圖作示範。

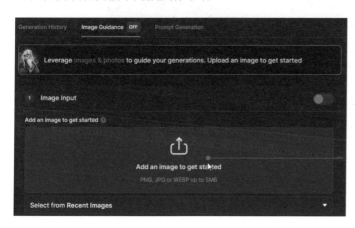

—— ❶按此鈕上傳圖片

❷切換到「Your Uploads」標籤

五個上傳圖片的管道

❸按此鈕上傳圖片

❹點選要上傳的圖片縮圖

❺按下「開啟」鈕

標籤頁已呈現「ON」

❻顯示已上傳的參考圖

由此控制圖片強度

由此調整畫面比例

在上傳圖片的右側，你可以看到「Strength」的滑鈕，此功能可以調整生成圖片的強度，數值越大會越接近原圖。要生成圖片前，你可以考慮將畫面的比例調整成與參考畫面相同的寬高喔。

## 17-3-2　輸入提示詞生成圖片

　　AI 有了參考的依據，接著就是下達 Prompt 指令，讓 AI 生成與此參考圖相似的圖像。這裡我們輸入如下的提示詞：

The court ladies of the Tang Dynasty in China were dressed in gorgeous clothes, had good figures, and showed a bold and luxurious appearance.

（中國唐代的宮女，服飾華麗，身材姣好，表現出豪放華貴的樣子。）

❶輸入提示詞如上

❸按此鈕生成圖片

❷設定風格

❹切換至「Generation History」標籤，即可看到生成的畫面

# 17-4 重繪他人的創作風格

要讓 AI 能夠快速完成你想要的畫面效果及風格，那麼多多觀察別人的作品是很重要的，因為直接站在巨人的肩膀上起步，比起你從無到有的開發生成要來的更有效率。

在「Home」首頁中，除了提供常用的 AI 創作工具外，下方還有許多最近開發的圖像，大家有空的時候不妨多加瀏覽，對於喜歡的風格，直接點選該圖像，就可顯示該圖的提示詞（Prompt）、尺寸、建立日期、模型…等相關資訊。

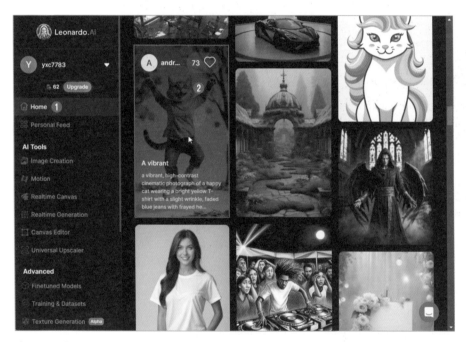

❶ 切換到「Home」

❷ 在下方的「Community Creations（社群創作）」中點選喜歡的畫風，即可查看該圖的相關資訊

這裡顯示該圖像的相關資訊，包括使用的提示詞、尺寸、及使用的模型

重繪他人創作的方式

　　大家可以參考他人的提示詞，學習他人所使用的提示詞，以便增加個人對提示詞的敏感度和運用技巧。另外你還可以透過「Image2Image」和「Remix」兩個按鈕，來套用該模型並生成類似的圖像，而「Image2Motion」則是生成影片。

　　這裡我們以「Image2Image」來做示範說明，Image2Image 是圖生圖的方式，它會將所選定的圖送到 AI 生成工具中，來建立與它相同風格的圖像。使用方式如下：

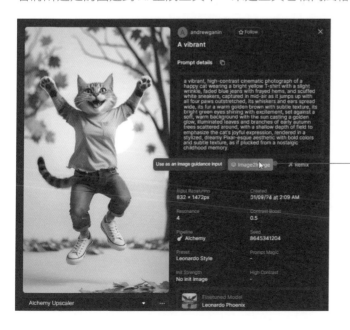

❶按此鈕，使用該影像引導輸入

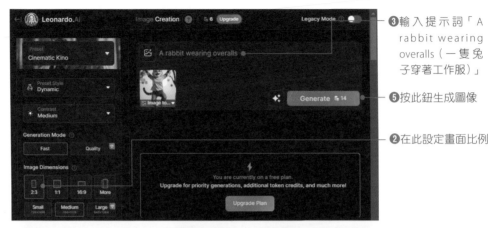

❸ 輸入提示詞「A rabbit wearing overalls（一隻兔子穿著工作服）」

❺ 按此鈕生成圖像

❷ 在此設定畫面比例

❻ 顯示生成的四張圖像

## 17-5　Prompt Generation 提示生成工具

　　有時候腦筋一片空白，不曉得應該如何對 AI 下達合適的提示詞，這時候你可以嘗試一下「Prompt Generation」的功能，這個功能是提示生成工具，可以幫助我們從簡單的概念來建立複雜的文字提示。

　　請由「Home」頁面中點選「Image Creation」，進入 AI Image Creation 頁面後，切換到「Prompt Generation」標籤，如下圖示：

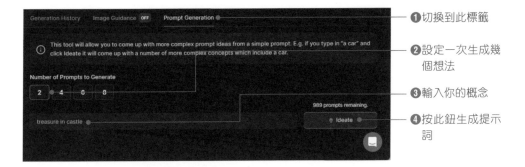

❶切換到此標籤

❷設定一次生成幾個想法

❸輸入你的概念

❹按此鈕生成提示詞

你可以設定一次生成 2 至 8 個想法，只要在下方的提示詞區輸入你的想法或概念即可。例如，我想要建立一個畫面是「城堡中的寶藏（treasure in castle）」，我可以利用 Google 翻譯這個概念後，貼入提示詞區，按下「Ideate」鈕，AI 就幫你生成多組的提示詞囉！

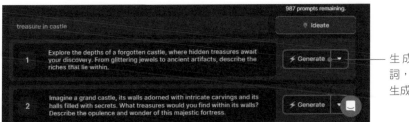

生成的兩組提示詞，按下此鈕即可生成圖像

有關 Leonardo.Ai 的操作我們就介紹到這裡，如果你有興趣的話，再自行研究喔！

# MEMO

# 18

# AI音樂生成—
# Stable Audio與Suno

「AI 音樂生成」是指利用 AI 技術來創作、生成、編輯和演奏音樂的各種應用。透過 AI 技術，我們不僅可以創造出全新的音樂片段，還能模擬多種樂器和風格的演奏方式，為音樂人提供了更廣闊的創作空間。特別是在影片的編輯，利用 AI 生成背景音樂，就不用害怕音樂版權的取得問題。AI 可以輔助快速生成靈感，並進一步提升音樂製作的效率和創意。這些技術不僅豐富了音樂創作和表演的領域，還為音樂產業帶來了前所未有的變革。本章我們將介紹兩個 AI 音樂平台：Stable Audio 和 Suno，同時探討如何進行音樂的創作和生成。

# 18-1　AI 音樂平台－ Stable Audio

　　Stable Audio 是一款專為音樂創作者設計的 AI 平台，為音樂製作提供了豐富且高效的工具。該平台不僅加速了音樂的創作和編輯過程，還提升了製作的流暢度和精確性。用戶只需進行簡單的操作，Stable Audio 就能自動處理並優化音樂作品，大大縮短了製作時間。

　　對於免費的用戶，每個月可以生成 20 次，音樂長度最多為 45 秒，但是僅限定在個人或非商業用途上。其網址為：https://stableaudio.com/。

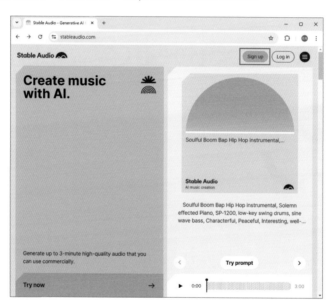

## 18-1-1　註冊與登入 Stable Audio

　　進入 Stable Audio 官方網站後，按下「Sing up」鈕註冊帳號，或是直接以 Google 帳號登入。第一次登入會要求閱讀相關條款規定，只要核取已讀取，就可以按「Next」鈕進入主畫面。

❶選此項

❷按此鈕進入主畫面

提示詞輸入區

## 18-1-2　生成音樂

　　想要生成音樂，基本上只要從提示詞輸入區中輸入你要的音樂類型，接著設定音樂長度（Duration），再按下「Generate」鈕，就可以開始生成音樂。在 Stable Audio 網站中，還貼心的提供了提示詞資料庫，這些提示詞可以幫助使用者了解如何描述想要生成的音樂。

　　目前提供的資料庫有如下 18 種類型：

- Progressive Trance（漸進式恍惚）
- Upbeat（樂觀）
- Synthpop（合成流行音樂）
- Epic Rock（史詩搖滾）
- Ambient（周圍的）
- Warm（溫暖的）

- Chillhop（放鬆）
- Drum Solo（鼓獨奏）
- Disco（迪斯可）
- Morden（現代的）
- Calm（冷靜的）
- House（房子）

- Classic Rock（經典搖滾）
- Trip Hop（旅行跳躍）
- New-Age（新時代）
- Pop（流行音樂）
- Techno（科技）
- Surprise me（讓我驚訝）

使用者可以直接從提示詞庫中選擇相關的提示詞，這些提示詞已經過優化，可以產生高質量的音樂輸出。選擇提示詞後，系統會自動將提示詞帶入到提示詞區，使用者只需按下「Generate」鈕，即可快速生成音樂。

音樂生成的主要技巧如下：

❷點選可以試聽音樂

❶按此鈕選擇音樂資料庫

❸選取資料庫類型後，這裡會顯示該提示詞

❹由此設定音樂長度，免費方案最多支援 45 秒

❺按此鈕生成音樂

❻按此鈕試聽生成
的音樂效果

❼按此鈕下載音樂

　　喜歡所生成的音樂，直接按下後方的 ⬇ 鈕，可選擇 MP3、WAV、Video 三種下載方式。如下圖所示：

# 18-2　AI 歌曲創作 — Suno

　　Suno 是一款專注於歌曲創作的 AI 音樂平台，它主要利用 AI 技術，幫助用戶快速創作歌曲的旋律、和聲和歌詞，讓歌曲創作過程更加簡單和有趣，而且能夠節省大量的時間和精力。使用者只需輸入簡單的描述，Suno 就能夠生成相對應的旋律片段。另外，它也提供了一系列和聲生成工具，能夠根據旋律自動生成和聲，使得歌曲更加豐富和動聽。

Suno 可以免費使用，你只要在該平台上註冊帳號，每月就會自動加值 50 積分（Credits），每月最多可以生成 10 首歌曲。不過免費版本的歌曲主要用於非商業用途。如果你覺得這個工具好用的話，再考慮付費的專案，每月支付 8 美元，約新台幣 240 元。其網址為：https://suno.com/。

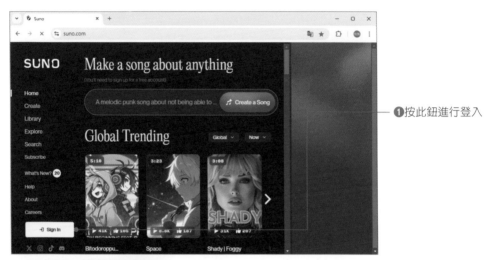

❶按此鈕進行登入

❷可選擇自己常用的帳戶進行登入

登入之後，就會看到如下的視窗畫面，如果需要登出 Suno，可以利用以下方式進行登出。

━━━ 顯示 Suno 的創作頁面

━━━ 按此鈕，選擇「Sign Out」
進行登出

## 18-2-1 開始創作歌曲

在 Suno 中要創作歌曲是件非常簡單的事，只要按下「Create」鈕，接著在輸入框中輸入你想要的歌曲描述，按下「Create」鈕後，稍候一下，就可以生成兩首動聽的歌曲。

━━━ ❶按下「Create」鈕開始
音樂創作

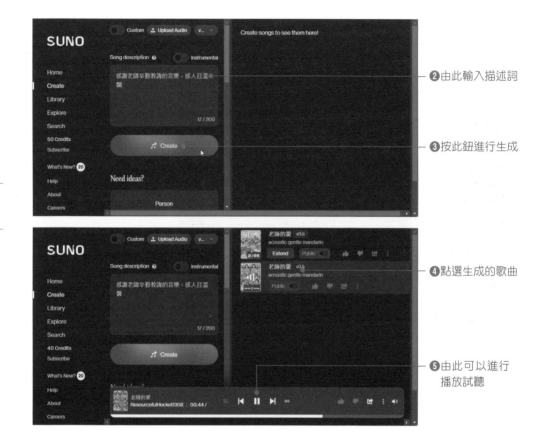

❷由此輸入描述詞

❸按此鈕進行生成

❹點選生成的歌曲

❺由此可以進行
播放試聽

## 18-2-2　創作背景音樂

剛剛已經學會了歌曲的創作，現在再來看看背景音樂的創作。方法很簡單，只要
將「Instrumental」功能開啟，就可以搞定。

❶點選此鈕，使
開啟該功能

❷輸入提示詞

❹顯示生成的純
音樂

❸按下此鈕生成
音樂

## 18-2-3　下載音樂

　　當你生成音樂後，由歌曲面板的右側按下「選項」┇鈕，下拉選擇「Download ／ Audio」指令，就可以取得 MP3 的音樂檔。

❷選擇「Download/ Audio」指令

❶按此鈕

　　有關音樂的生成，我們就介紹到這裡，希望大家在取得影音的素材上，更加地多元化，也可以加快編輯影片的速度和效能。

# MEMO

# 視訊壓縮工具－
# VidCoder

VidCoder 是一款免費的視訊壓縮工具，不但操作簡單、壓縮品質好，速度快，而且是中文化的介面，支援多國語言。特別是有的手機所拍攝的影片，手機上觀看影片正常，但是匯入到影片剪輯軟體中卻變成黑幕，這時候也可以靠它來轉換檔案喔！VidCoder 也支援硬體加速的藍光和 DVD。使用這個軟體，只要做幾個簡單的設定，就能將影片檔案轉換成所需的影片格式和壓縮品質。

# 19-1 VidCoder 下載與安裝

要下載 VidCoder 程式，請從 Google 瀏覽器上輸入關鍵字「VidCoder」，就可以查詢到 VidCoder 的官方網站，網址為：https://vidcoder.net/。

在官網上，大家可以看到最新穩定的版本 Latest Stable: 8.25 與最新測試的版本 Latest Beta: 9.10，我們選擇 Latest Stable: 8.25，按下「Download(Installer)」即可下載應用程式。

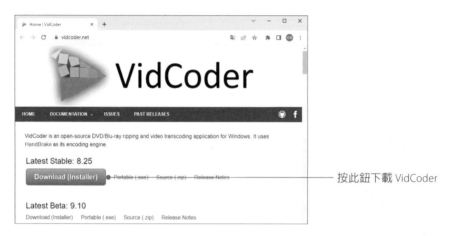

按此鈕下載 VidCoder

稍等一下，你就可以在「下載」資料夾中看到 VidCoder 應用程式的執行檔。直接按滑鼠左鍵兩下即可進行安裝。

雙按應用程式進行安裝

安裝完成，桌面上就會看到 VidCoder 的捷徑，按滑鼠左鍵兩下就可以開啟該軟體了。

# 19-2 以 VidCoder 壓縮影片

使用影片剪輯軟體製作的影片檔，通常檔案量都非常大，少則數百 MB，多則 GB 起跳。以 4 分鐘的影片為例，輸出為 1920×1080 的影片尺寸，就需要 400MB 的儲存空間，這樣的檔案量在上傳時就要花費不少的時間，而且不利於傳輸和分享，有的社群還有檔案量的限制，所以最好利用視訊壓縮程式將影片壓縮後再進行上傳。如果希望影片可以方便在社群網站上流通，就必須考慮將影片檔案量縮小。

## 19-2-1 使用內建清單快速壓縮影片

VidCoder 有內建各種編碼方式，方便應用於硬體設備或 Vimeo、Gmail、YouTube …等用途上，只要由「編碼設定」下拉，即可從 70 多種的選項中做選擇。請在桌面的 VidCoder 捷徑上按滑鼠左鍵兩下，開啟來源檔來進行檔案的壓縮。

❶按此鈕，下拉選擇「開啟視訊檔」指令

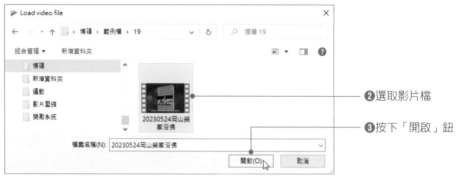

❷ 選取影片檔

❸ 按下「開啟」鈕

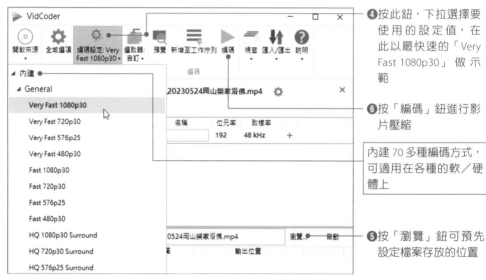

❹ 按此鈕，下拉選擇要使用的設定值，在此以最快速的「Very Fast 1080p30」做示範

❻ 按「編碼」鈕進行影片壓縮

內建 70 多種編碼方式，可適用在各種的軟／硬體上

❺ 按「瀏覽」鈕可預先設定檔案存放的位置

❼ 檔案轉換成功，原 404MB 的影片，立即瘦身成 71.3MB

## 19-2-2 自訂壓縮方式

　　剛剛在進行壓縮時，我們是選用 VidCoder 所內建的編碼設定來快速壓縮影片，你也可以自行設定想要的壓縮方式。請按下「編碼設定」鈕，即可針對封裝格式、調整大小、視訊濾鏡、影像編碼、音訊編碼等，設定成適合你工作所需的編碼方式。

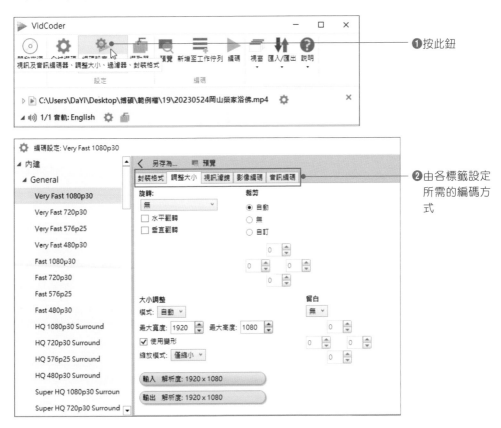

## 19-3 VidCoder 應用範圍

　　針對 VidCoder 的使用，剛剛我們只介紹了影片壓縮的方式，事實上它可應用範圍還多著呢！

## 19-3-1 解決不支援的編碼問題

　　有些手機在拍攝影片後，雖然手機看得到影片內容，但是複製到桌上型電腦時卻變成黑幕無法顯現，或是由 YouTube 下載下來的影片卻無法在影片剪輯軟體中匯入編輯，這是視訊編碼不支援的關係，此時可以透過 VidCoder 先進行轉檔，就能看到影片內容，也可以進行影片匯入的動作喔！

　　同樣地，有些影片拍攝正常，可是匯入影片剪輯軟體卻有片段影片聽不到聲音，這種情況也可以使用 VidCoder 先進行「編碼」來解決問題喔！

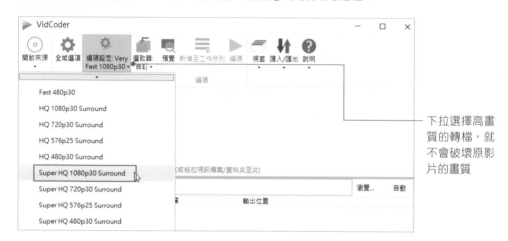

下拉選擇高畫質的轉檔，就不會破壞原影片的畫質

## 19-3-2 使用 VidCoder 嵌入影片字幕

　　VidCoder 也可以將外掛的 SRT 字幕直接嵌入到影片檔中，只要外掛字幕是採用 UTF8 的編碼方式，就可以正確顯示中文。設定技巧如下：

❶執行「開啟來源／開啟視訊檔」指令，並選取要加字幕的影片檔

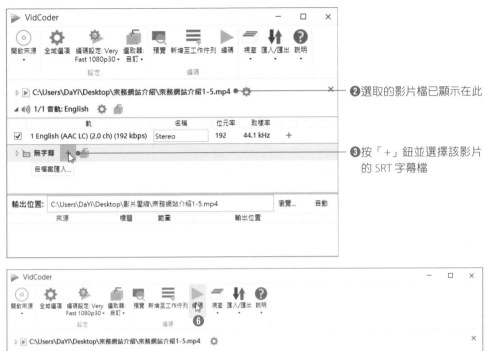

❷選取的影片檔已顯示在此

❸按「+」鈕並選擇該影片的 SRT 字幕檔

❹按點此處,使顯示下方的外部字幕

❺勾選「內嵌」的選項

❻按此鈕開始編碼

轉檔完成後,原本沒有字幕的影片,就自動加入字幕囉!其顯示的字幕效果如下:

今天我們要為大家介紹的是

## 19-3-3　使用 VidCoder 批次轉換影片

因為工作關係，你需要經常將影片檔案進行壓縮，然後再上傳到網站的後台。雖然你可以一部部的進行壓縮，但是數量很多時，還是很費時間的。如果你有這樣的需求，也可以考慮利用 VidCoder 來批次轉換多部影片。

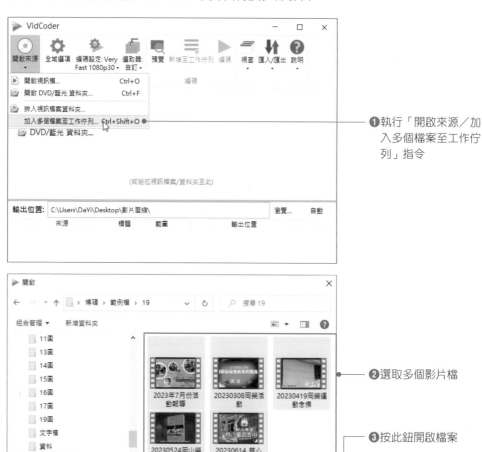

❶執行「開啟來源／加入多個檔案至工作佇列」指令

❷選取多個影片檔

❸按此鈕開啟檔案

❺按此鈕開始轉碼

❹需要轉檔的影片已顯示在此

接下來就是休息一下，等 VidCoder 轉完所有檔案後就會有聲響通知你。

有關 VidCoder 的使用技巧還很多，限於篇幅關係僅介紹這幾種方式供大家參考，如果有興趣的話再自行研究喔！

# MEMO